锅炉传热性能计算方法进展及应用

吴 松◎著

中国石化出版社

内 容 提 要

本书对锅炉传热性能计算的方法、原理与应用展开研究，建立了锅炉部件和系统的抽象逻辑模型，设计了通用计算程序流程；建立了三个工艺系统的能量平衡模型与方程，分析了不同影响因素；对锅炉提高再热汽温进行可行性分析和方案设计，研究了提高再热汽温对锅炉机组热力特性和经济性的影响；利用炉膛分区段传热计算方法获得了生物质种类和掺烧比例对炉膛传热特性的影响规律；建立了评估旋风筒是否发生熔渣堵塞或耐火衬里过度磨蚀的判定准则，得到了不同设计参数、运行条件和煤质特性下的渣膜适应性；提出了燃用高碱煤的锅炉设计方法，论证其可行性与经济性并对实炉进行设计。

本书可供热能工程专业的学者及从事锅炉设计、调试、运行及维护的工程技术人员借鉴，也可供高等院校相关专业研究生参考。

图书在版编目（CIP）数据

锅炉传热性能计算方法进展及应用／吴松著．—北京：中国石化出版社，2022.3
ISBN 978-7-5114-5671-7

Ⅰ.①锅… Ⅱ.①吴… Ⅲ.①锅炉-传热性质-计算方法-研究 Ⅳ.TK227.7

中国版本图书馆 CIP 数据核字（2022）第 050845 号

中国石化出版社出版发行
地址:北京市东城区安定门外大街 58 号
邮编:100011 电话:(010)57512500
发行部电话:(010)57512575
http://www.sinopec-press.com
E-mail:press@sinopec.com
北京艾普海德印刷有限公司印刷
全国各地新华书店经销

*

710×1000 毫米 16 开本 12 印张 241 千字
2022 年 7 月第 1 版 2022 年 7 月第 1 次印刷
定价:65.00 元

前　　言

锅炉的设计制造与调整运行离不开准确的锅炉传热计算方法，上百年来，随着锅炉技术的发展进步，锅炉的传热计算方法也逐步改进、完善。锅炉的传热性能计算也称为锅炉热力计算，其目的是确定整个锅炉热力系统中各个受热面节点处烟气和工质的温度等参数，并分析这些参数之间的关系。完整的锅炉传热性能计算包括了燃料燃烧产物容积及焓计算、辐射受热面传热性能计算和对流受热面传热性能计算。为了适应不同煤燃料的燃烧和锅炉容量参数的变化，目前发展出了层燃炉、煤粉炉、流化床锅炉和旋风炉等几种主要的燃煤锅炉。这几种不同类型燃煤锅炉炉膛内燃料的着火、燃烧、燃尽和烟气的传热特性不同，相应的炉膛结构和传热性能计算方法也不相同。而对于对流受热面而言，不同锅炉的计算方法差异很小，都是基于实验测得的传热关联式。同时，考虑到空气分级、燃料分级等低氮燃烧技术的应用，锅炉炉膛内的传热呈现新的特点，沿用原有的传热性能计算方法已不能准确预测炉内的传热量。此外，在其他一些非锅炉性能计算的技术领域，其生产工艺过程中的一些问题也可以借鉴锅炉热力计算的方法来解决。

在此技术背景下，本书基于传统的热力计算方法和理论，并结合作者在此方面的研究工作，重点探究了锅炉热力计算的改进过程、发展前沿及应用领域，提出了适用于部分炉型的修正热力计算方法，建立了系统的锅炉性能分析案例及方法库，为锅炉的设计运行和热工工艺制定提供了指导。

第 1 章首先介绍了锅炉的基本概念、构成和一般工作过程，概括性地论述了目前工程上所用的四种燃烧方式锅炉的炉膛燃烧和辐射传热特点，最后总结了锅炉热力计算的基本知识、功能、方法和一般计算步骤。

第 2 章主要总结了锅炉热力计算方法的发展历史和研究现状，特别介绍了俄罗斯的热力计算方法的发展与改进。分析了零维模型、一维模型和多维模型的特点，指出了炉膛数值模拟计算是炉膛辐射传热计算的未来发展方向。最后叙述了锅炉热力计算的基本原理和主要公式，包括了燃料燃烧计算、锅炉热平衡计算、炉膛传热计算和对流受热面传热计算。

第3章针对锅炉热力计算的程序化设计展开研究，首先通过对锅炉热力系统进行分析，建立了锅炉部件和系统的抽象逻辑模型，并以旋风炉为研究对象，设计了旋风炉热力计算流程图，最后采用Visual Basic 6.0语言研发了旋风炉热力计算软件。

第4章主要研究了锅炉热平衡计算原理和公式在三个不同工程案例中的灵活应用，包括熔炼炉冶炼海砂矿的出口煤气温度计算及分析、MSW气化熔融工艺中垃圾生料的临界热值计算及分析、设备内燃法热处理的热工计算及分析。在研究过程中分别建立了系统能量平衡的计算模型，列出了相应的能量平衡方程，求解并分析了不同因素对解决方案的影响。

第5章采用锅炉热力计算方法对锅炉机组提高再热汽温改造进行了可行性分析和方案设计，通过综合对比得到了最佳的改造方案。分析了当再热汽温提高时锅炉各个受热面的吸热量及烟气进口温度等参量的变化，研究了提高再热汽温对锅炉机组热力特性和经济性的影响。

第6章以大型燃煤火力发电厂锅炉为对象，将掺烧生物质燃料与锅炉炉膛燃料分级低NO_x燃烧技术相结合，根据炉膛内燃烧过程的特点，对炉膛进行分区段热力计算，获得了沿炉膛高度的温度和吸热负荷分布规律，并研究了生物质燃料种类和掺烧比例对炉膛内传热特性的影响。

第7章主要讲述了旋风炉传热性能计算的特点和概况，对现有六种旋风炉传热性能计算方法进行总结、概括和对比，对旋风炉传热性能计算方法展开研究。通过研究发现，第六种计算方法是迄今旋风炉传热计算中最为完善的一种，在该方法的基础上，考虑空气分级的特点，提出了新型旋风炉修正的传热性能计算方法。

第8章根据液态熔渣沿壁面流动的理论分析，建立了从火焰到水冷壁管内工质的多层间壁传热模型、基于此模型的渣膜传热性能参数计算方法及评估是否发生熔渣堵塞或耐火衬里过度磨蚀的判定准则。应用该评估方法分析了一台旋风筒的负荷特性及适应性大小。此外，本章还系统地研究了设计参数、运行条件和煤质特性对旋风筒对渣膜的适应性的影响。

第 9 章主要分析了燃用高碱煤时积灰结渣的形成机理及控制原理,提出了一种能够安全燃用高碱煤的锅炉设计方法,并从热力系统布置、锅炉传热、煤粉着火和燃烧、钢材消耗量这 4 个方面讨论了该设计方法的可行性与经济性。然后结合烟气再循环,提出了在旋风炉上实现这种燃高碱煤设计的优化实施方案并进行了实炉设计。

第 10 章基于油田井场加热炉效率低的工程背景,分析了其效率偏低的原因,研究了油田井场加热炉效率与过量空气系数和排烟温度的关系,设计了一种适用于油田加热炉改造的拼装式节能增效烟囱。

本书获西安石油大学优秀学术著作出版基金资助,在此表示衷心感谢!

由于作者水平有限,书中难免存在不妥之处,敬请专家、学者和读者批评指正,也希望从事此领域研究的学者与我共同探讨。

目　录

1 绪　　论

1.1 锅炉的基本概念

能源是现代社会赖以生存和发展的物质基础，也是国民经济快速持续发展的有力保障。目前我国的能源消费以化石燃料为主，而煤炭是世界上储藏量最多的化石燃料，占世界化石燃料可采资源总量的67%，广泛地分布在我国的多个地区。我国是世界上第二大经济体，能源资源分布具有“富煤、贫油、少气”的特点，这使得在相当长的一段时间内我国的能源生产、消费及电源结构呈现以煤炭资源为主的格局。如图1-1(a)所示，2006—2015年，随着我国工业的发展进步和人民生活水平的稳步提升，我国的能源消费总量也逐年提高。近年来随着国家“碳中和”“碳达峰”战略规划的布置实施[8-12]，新能源和可再生能源得到了大力的发展，煤炭消耗增速放缓乃至略有降低，但仍在我国能源消费中占据主导地位。而在图1-1(b)中，在统计的所有能源消费中，煤炭消费所占的份额逐年下降，但仍在60%以上。据预测，截至2030年，煤炭资源消费在我国能源消费结构中所占比例仍将维持在50%～60%之间。因此，煤炭仍然是我国的主要能源，其地位短时间以内是难以代替的。

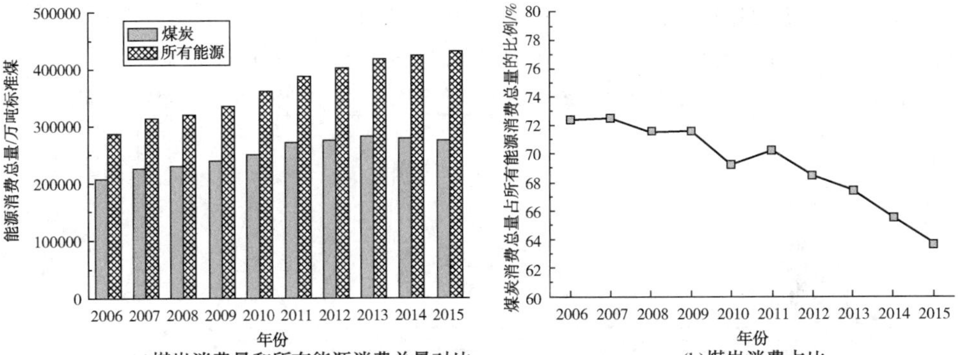

(a)煤炭消费量和所有能源消费总量对比　　(b)煤炭消费占比

图1-1　中国2006年到2015年的煤炭消费状况[13]

锅炉是我国最主要的煤炭利用装备。我国2015年消费的总煤炭量中约有51%被锅炉所烧，直接燃用量达20亿t原煤[13]。锅炉按用途可以分为电站锅炉、工业锅炉和热水锅炉。电站锅炉是火力发电厂三大主机之一，是名副其实的动力之源。2012年我国火力发电量达38000亿kW·h，约占全年总发电量的78%[13]。工业锅炉主要用于产品制造时的加热工艺过程，如制药、纺织、印染、造纸、炼油、化工企业等，或者用于北方冬季供暖，热水锅炉用于提供生活所需的热水。

锅炉主要以化石燃料为能源，以水为工作介质，生产用于动力发电的高温高压蒸汽或用于供热的热水。锅炉设备种类繁多，主要由“锅”和“炉”两部分组成。“锅”是承装工作介质的压力容器，如水冷壁、汽包、包墙管、悬吊管及各种对流受热面等；“炉”是锅炉内组织燃料燃烧和烟气换热的场所，包括炉膛、燃烧器、配风系统及锅炉烟道等。燃料在炉内燃烧放热，燃烧后产物即烟气依次流过炉膛、各级过热器、再热器、省煤器和空气预热器，最后再经烟气净化后从烟囱排出；随着烟气流过各级受热面放热降温，工质的温度也逐渐升高，最终被加热到额定参数。

锅炉中最主要的能量转化和释放过程是在炉膛内完成的，燃料在炉膛内着火、燃烧及燃尽，燃料中的化学能转变为高温烟气中的热能。不同的燃料和燃烧组织方式会形成具有不同特点的锅炉炉膛，从而衍生出不同的锅炉类型。锅炉类型不同，其炉膛传热的热力计算方法相应也不相同。对于燃煤锅炉，按燃烧方式可以分为层燃炉、室燃炉、流化床锅炉和旋风炉，下面对这几种不同燃烧方式锅炉炉膛内的燃烧和辐射传热特点予以总结叙述。

图1-2所示的是一种链条炉的炉排，链条炉是一种典型的层燃炉。煤从煤斗加入到链条状的炉排上，平铺成具有一定厚度的燃料层，燃料在燃料层中经历预热干燥、挥发分析出并着火、燃烧和燃尽。燃烧所需空气由炉排底下的风箱鼓入，产生的高温烟气进入到炉膛中，煤中灰分的10%~30%随烟气一同进入炉膛内，整个炉膛内的辐射介质为含灰火焰气流，火焰中心位于炉排表面燃料层厚度附近。随着炉排链条的缓慢移动，煤燃烧成灰渣后排出炉外。

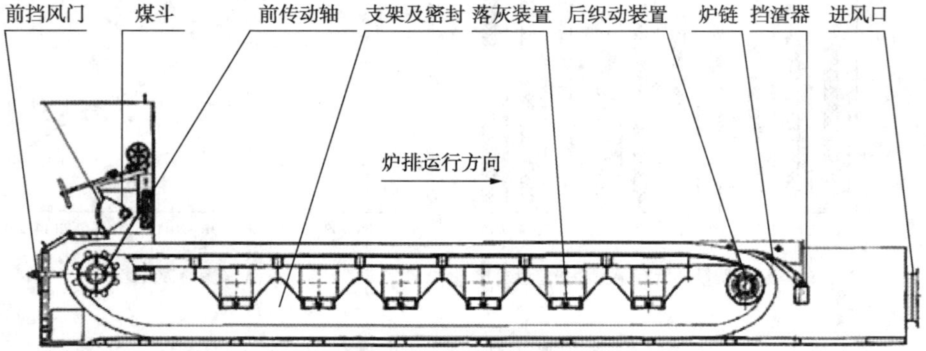

图1-2　链条炉的炉排结构

室燃炉亦称煤粉炉，即将煤磨制成煤粉后送入炉膛并在整个炉膛内着火、燃烧和燃尽。煤粉炉中燃烧的组织有前后墙对冲燃烧方式、四角切圆燃烧方式、W 火焰燃烧方式[14]。如图 1-3 所示，前后墙对冲燃烧方式采用旋流燃烧器，利用旋转射流在旋流中心产生的低压区不断卷吸已着火的高温烟气来点燃新入炉的煤粉气流；四角切圆燃烧方式和 W 火焰燃烧方式采用直流燃烧器，一次风和二次风通过方形或圆形的喷口喷入炉膛形成特定的火焰形状。煤粉炉炉膛内的辐射介质为含灰、焦炭粒子的火焰流，火焰中心的位置取决于燃烧器的高度和布置，一般比燃烧器的平均中心线要稍高一些。煤粉炉内沿炉膛高度方向的温度分布曲线呈现先快速升高再逐渐降低的趋势，即俗称的“大肚子”形。随着人们环保意识和需求的日益提升，排放标准也日益严苛[15-17]。为了降低煤燃烧生成的氮氧化物，绝大部分煤粉炉现在都采用了空气分级燃烧技术。煤粉炉采用空气分级技术之后，煤粉颗粒的燃尽被推迟，整个炉膛内的火焰中心呈现上移趋势。煤粉炉中由于送入炉中的燃料被磨制得非常细小，燃料燃烧后产生的灰分约 90%～95%随烟气流过各级对流受热面后进入尾气处理装置，其余的灰分以灰渣的形式从冷灰斗下的灰渣口排出。

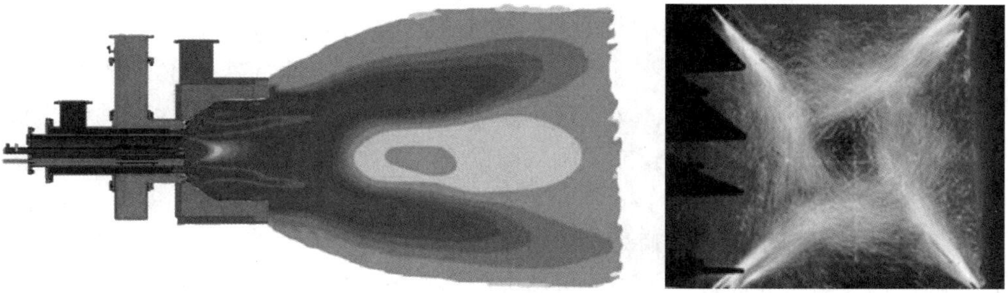

图 1-3 煤粉炉炉型中所用的旋流燃烧器和四角切圆燃烧火焰

流化床锅炉内燃料颗粒的燃烧方式介于层燃炉和煤粉炉之间，煤粉颗粒层呈现类似于流体的流态化状态。流化床锅炉内的燃烧温度一般维持在 850～950℃，同时密相区内存在大量聚热的床料，确保燃料的顺利着火燃烧。如图 1-4 所示，在循环流化床锅炉中，没有明确的料层界面，但在床内存在一个稀相区和密相区，稀相区内颗粒的浓度比下部密相区内颗粒的浓度要小得多。密相区和稀相区由于颗粒浓度的巨大差异，其内的辐射传热有较大差异，因而流化床锅炉炉膛传热计算时密相区和稀相区需区分处理。为使燃料颗粒达到流态化，在炉膛燃烧室的底部布置有布风板，实现对床料颗粒的均匀流化。燃料颗粒在循环流化床内不断翻腾，未燃尽的颗粒通过炉膛出口的旋风分离器分离后再重新循环入炉，延长了燃料颗粒燃烧的停留时间，保证了燃料的燃尽。流化床锅炉的另一个特点是能够实现炉内脱硫，将石灰石研磨后送入炉膛中，其主要成分碳酸钙与炉内氧气和二氧化硫反应生成硫酸钙，达到固硫的目的。为了吸收炉内热量，有的流化床锅炉还在炉膛内布置埋管水冷壁或省煤器。

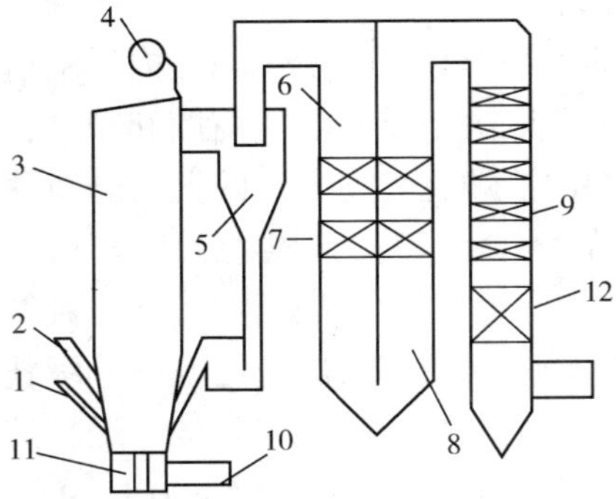

图 1-4　循环流化床锅炉热力系统示意图
1—给煤口；2—垃圾给料口；3—炉膛；4—锅筒；5—旋风分离器；6—燃尽室；7—过热器；8—过热器；9—省煤器；10—点火装置；11—风室；12—空气预热器

旋风炉是一种液态排渣锅炉，较前述几种燃烧方式的锅炉，在我国的应用还较少。旋风炉的概念最早是由美国的巴威(Babcock & Wilcox)公司[18]于 1940 年代提出来的，其最初开发的目的是燃用结渣倾向严重的低灰熔点煤。世界上第一台旋风炉是在美国的卡努密发电厂投入试验运行的。旋风炉最显著的特征是装备有一只或多只旋风筒，空气携带燃料颗粒在旋风筒内高速旋转燃烧形成旋风燃烧方式。旋风筒筒体采用水冷管围成，大量短销钉致密地焊接在管子外表面形成销钉水冷壁，销钉间设置有一层耐火衬里。这种特殊的工艺结构既能够维持旋风筒内的高温环境，又能防止烧坏旋风筒。在工作时，一次风携带燃料颗粒由一次风口进入旋风筒，二次风从筒壁上的二次风口高速切向喷入筒内，卷带燃料颗粒旋转前进，如图 1-5 所示。燃料颗粒在旋风筒内受热、着火、燃烧，直至最终燃尽。细小的燃料颗粒在旋转气流中悬浮燃烧，而较粗的燃料颗粒在离心力的作用下被甩向筒壁。由于旋风筒内的高热负荷和耐火衬里结构，旋风筒内会形成高温燃烧环境，燃料中的灰分将熔融成液态并在旋风筒的内壁上附着成一层液态渣膜。被离心力甩向壁面的燃料颗粒会被这层液态渣膜捕捉并继续燃烧，形成“附壁燃烧”，其内的灰分融入液态渣层并在筒内旋转气流的带动下流动，最后从流渣口流到筒外形成液态排渣。

在旋风炉中，燃料颗粒在旋风筒中燃烧后产生的高温烟气随后进入旋风炉的炉膛中进一步燃尽和冷却。燃料中的灰分约 70%~80%被旋风筒捕集并以液态渣的形式排出，剩余 20%~30%灰分则随烟气以飞灰形式流过各级对流受热面。在旋风筒内，由于气流的强旋转运动，高温烟气和筒壁间的相对运动非常强烈，使得烟气流与筒壁间的对流传热作用很强，之间的对流换热量已不能再如通煤粉炉炉膛一样地忽略不计，即在进行旋风筒内的热力计算的时候需要同时计及辐射传热和对流传热，这也是旋风筒内传热计算的主要特点之一。

(2) 明确热力计算所需的锅炉数据资料已齐备；

(3) 依据燃料特性参数进行燃料燃烧计算，计算从炉膛到烟道各个区段中的空气及燃烧产物的容积和焓、各组分(主要是三原子气体)的容积，并编制温焓表；

(4) 锅炉的热平衡计算，确定锅炉机组的各项热损失并获得锅炉的毛效率和燃料消耗量；

(5) 锅炉炉膛的传热计算，确定炉膛出口烟温及炉膛上部辐射受热面的吸热量，计算时采用迭代逼近法；

(6) 沿着烟气流程，依次对炉膛出口烟窗之后的半辐射受热面、各级对流受热面进行传热计算，计算时同样采用迭代逼近法；

(7) 对计算中假定的排烟温度和热空气温度进行校验，若误差过大则需要更新假定值重复(4)~(6)，直到假定值与计算值满足收敛规定时计算完成；

(8) 编制热力计算结果汇总表。

1.4 本章小结

本章主要介绍了锅炉的基本概念、构成和一般工作过程，并概括性地论述了目前工程上所用的四种燃烧方式锅炉的炉膛燃烧和辐射传热特点。总结了锅炉热力计算的基本知识、功能、方法和一般计算步骤。本章所述内容为后续研究锅炉热力计算的改进过程、发展前沿及应用领域奠定了基础。

2 锅炉热力计算的发展和基本原理公式

2.1 锅炉热力计算方法的研究现状和发展

锅炉的设计制造与调整运行离不开准确的锅炉热力计算，而锅炉热力计算中最为复杂和难以准确预测的是炉膛辐射传热计算[27-36]。关于锅炉炉膛辐射传热特性的研究已有超过100多年的历史。迄今为止，学术界和工程界已经提出了很多炉膛辐射传热计算的模型和方法，这些模型和方法主要可以归纳为零维模型、一维模型及多维模型。

在零维模型中假设锅炉炉膛中燃烧介质的温度、水冷壁壁温等物理参数都是均匀分布的，计算出来的结果如炉膛出口烟温、辐射受热面热负荷等也是平均值。零维模型比较简单且计算方便，因而该模型仍然是目前工程上常用的炉膛辐射传热计算方法。最为经典的零维模型是苏联于1957年提出的《锅炉机组热力计算-标准方法》(简称57标准)中关于炉膛的传热计算方法[26]，如式(2-1)所示：

$$\theta''_T = \frac{T_{g,e}}{T_a} = \frac{Bo^{0.6}}{0.445a_T^{0.6} + Bo^{0.6}} \tag{2-1}$$

式中 θ''_T——炉膛出口烟气无因次温度；

$T_{g,e}$——炉膛出口烟温，K；

T_a——燃料绝热燃烧温度，K；

Bo——玻尔兹曼准则数；

a_T——炉膛黑度。

57标准计算炉膛辐射传热时没有考虑燃烧器的布置方位对炉膛辐射传热的影响。之后苏联在57标准的基础上于1973年颁布了改进的热力计算标准方法，即73标准[26]。73标准中首次引入了炉膛M数这个参数来修正不同燃烧器位置条件下的炉膛出口烟温值，炉膛出口烟气无因次温度的计算关联式如式(2-2)所示：

$$\theta''_T = \frac{T_{g,e}}{T_a} = \frac{Bo^{0.6}}{Ma_T^{0.6} + Bo^{0.6}} \tag{2-2}$$

在这里笔者需要强调指出的是73标准在我国得到了长期而广泛的使用，国内很多锅炉制造企业和电力研究机构一直沿用着该标准方法。随着技术的进步，锅炉的容量和参数也在不断提高，目前技术成熟的有300MW、600MW甚至1000MW大型电站锅炉。然而73标准在用于200MW容量以上锅炉的炉膛传热计算时，计算结果与运行数据间会出现较大偏差。为了满足工程需要，俄罗斯工业界学者基于大容量锅炉的大量实测数据，对73标准进行了修订、补充，并在1998年发布了截至目前最新的热力计算标准方法，即98标准。其炉膛出口烟气无因次温度按公式(2-3)计算：

$$\theta''_T = \frac{T_{g,e}}{T_a} = \frac{Bo^{0.6}}{Ma\,\overline{Bu}^{0.3} + Bo^{0.6}} \tag{2-3}$$

式中 M——考虑燃烧器布置相对标高、炉内烟气中惰性成分的多少及其他因素对换热强度影响的参数；

$\overline{Bu}$——布格尔准则数的有效值，用于考虑炉膛温度场不等温性和辐射散射效应对换热的影响。

俄罗斯1998年颁布的标准中M数考虑了炉膛形式、燃烧方式、烟气组分和烟气再循环的影响，同57标准和73标准有很大的差别。虽然很多其他国家也对炉膛传热计算方法进行过大量研究，但苏联/俄罗斯提出的炉膛传热计算方法仍然是体系最为完整的。

我国一些学者[19-25,35-44]在应用和总结苏联/俄罗斯计算标准的基础上提出了许多改进算法以提高准确性。唐必光[23]认为上述苏联学者在公式推导中做了一些会造成误差的简化，进而会产生个别明显失误，因此重新进行了公式推导，得到式(2-4)的计算公式：

$$\theta''_T = 1 - \left(\frac{T_0}{T_a}\right)^2 \left[\frac{M\dfrac{a_T}{Bo}}{M + \left(\dfrac{Bo}{a_T}\right)^{0.6}}\right]^{0.5} \tag{2-4}$$

式中 T_0——参考温度，取值为1470K。

之后作者用该公式对5种典型煤种用于410t·h^{-1}和1025t·h^{-1}锅炉进行了核算，结果吻合良好，因而认为该公式具有一定的适用性。曹汉鼎、李永兴等[19,20]研究了炉膛几何形状对炉内换热的影响，并通过修正炉膛M数提出了相应改进的计算方法。张大龙等[25]考虑大型超临界煤粉锅炉炉膛布置大屏受热面和OFA的特点，在苏联73标准的基础上提出了如式(2-5)~式(2-7)所示的计算方法：

$$\theta''_T = \frac{Bo^{0.6}}{MK_{yx}a_T^{0.6} + Bo^{0.6}} \tag{2-5}$$

$$M = M_{73} \times (1 - k_{\mathrm{OFA}} r_{\mathrm{OFA}}) \sqrt[3]{\alpha''} \tag{2-6}$$

$$K_{yx} = 1.2\left(\frac{a_y}{1 - a_y}\right)^{-0.1} \tag{2-7}$$

式中 M_{73}——73 标准计算方法中的炉膛 M 数；

k_{OFA}——燃尽风位置修正系数；

r_{OFA}——燃尽风份额；

α''——炉膛过量空气系数；

K_{yx}——有效火焰黑度系数；

a_y——火焰黑度。

作者将该方法用于 600MW 和 1000MW 超临界锅炉炉膛出口烟温的计算，计算结果与实测值吻合良好且比 73 标准计算结果的偏差更小。

一维模型考虑沿炉膛高度方向上的介质温度、黑度等的变化，而在水平方向的平面上则认为各物理量都是均匀分布的。一维模型本质上是对零维模型的一种改进，苏联 73 标准中的炉膛分区段计算方法即为最原始的一维模型[22,24,26]。在该模型中：将燃烧器所在区域作为单独的一个最大放热区，其下为冷灰斗区，其上再划分若干区，最上部为大屏区域，先计算燃烧器区然后考虑各区之间的换热逐区计算。华北电力大学的阎维平等[22,24]考虑各燃烧器层的热负荷特点，将燃烧器区域细分为若干个放热区段，建立了各燃烧放热区段的热平衡方程，提出了改进的炉膛分区段计算方法。董芃等[35]将炉膛沿高度划分为若干计算区，每个区充满了均质等温的灰介质，各实壁面为辐射特性均匀的等温灰表面，结合煤燃烧过程的缩核模型较好地描述了炉膛的辐射传热过程，得到了炉内烟气温度和水冷壁吸热热流密度等参数的沿炉膛高度方向上的一维分布，计算结果与原设计结果吻合良好。严响林等[36]对煤质燃料在实验室进行了一维炉燃烧特性试验，得到了该煤种的燃尽率随时间变化的关系曲线，并将该关系曲线与热力计算方法相结合，对一台 1025t·h^{-1}液态排渣锅炉的燃烧室和下炉膛内的烟气温度进行了计算，获得了该锅炉炉膛内的一维热流密度分布，为分析炉膛水冷壁的水动力特性提供了参考资料。

多维模型详细考虑了炉膛内物理量在各个方向上的变化。多维模型计算时一般先将炉膛进行网格划分，选择微分控制体单元，把质量守恒、动量守恒和能量守恒方程应用在这些微元体上并进行求解。多维模型中需要解决的关键问题是对辐射传递方程[40,42,43,45-47]的求解，辐射传递方程的形式如式(2-8)所示：

$$n^2 \frac{\mathrm{d}}{\mathrm{d}s}\left[\frac{I(\boldsymbol{r},\ \Omega)}{n^2}\right] + (\kappa_a + \kappa_s) I(\boldsymbol{r},\ \Omega) = n^2 \kappa_a I_b(\boldsymbol{r}) + \frac{\kappa_s}{4\pi}\int_{4\pi} I(\boldsymbol{r},\ \Omega') \Phi_s(\Omega',\ \Omega)\,\mathrm{d}\Omega' \tag{2-8}$$

式中 n——介质折射率；

I——Ω 方向的辐射强度，$\mathrm{W \cdot m^{-3} \cdot sr^{-1}}$；

$\boldsymbol{r}$——空间位置向量；

Ω——立体角，sr；

s——射线行程，m；

κ_a——吸收系数；

κ_s——散射系数；

I_b——黑体辐射强度，$\mathrm{W \cdot m^{-3} \cdot sr^{-1}}$；

Φ_s——散射相函数。

辐射传递方程非常复杂，直接求解非常困难，所需的计算量也非常大，一般需要对它进行简化处理，不同的简化处理方法会衍生出不同的辐射传热求解方法。目前主要的求解方法有区域法、蒙特卡洛法、扩散近似法、热流法、球形谐波法、离散传递法及离散坐标法，很多学者[40,42-45]已经将这些求解方法应用在锅炉炉膛的辐射传热计算上。

炉膛内的流动、燃烧及传热过程非常复杂，辐射传递方程也需要与其他控制方程一起耦合求解。计算流体力学(CFD)技术是近年来兴起的一门利用计算机进行数值模拟来分析和解决涉及流动和传热等问题的技术。目前 CFD 数值模拟是最为流行的多维模型方法，能够得到炉膛内流场、温度场、组分浓度、热流密度等参数的详细分布，还能预报炉内污染物的生成和炉膛出口热偏差等[28-33,44,48-54]，因此该方法已成为炉膛辐射传热计算的主要发展方向。

美国及欧洲一些发达国家也提出了自己的炉内传热计算方法[14,18,55]，如美国燃烧工程(CE)公司、Sulzer 公司、B&W 公司等，然而这些方法分散在各个企业内部，已逐渐成为企业的技术机密，因而很难形成统一的方法。

其中美国燃烧工程(CE)公司认为在采用 Hottel 辐射率计算炉内辐射换热量的时候应该考虑火焰中所存在的 C、C_2、CH、CN、CO、HCN、HCO 等具有辐射能力的中间产物对辐射传热的贡献，需要对火焰的黑度进行增大修正。其整个炉膛的传热公式如式(2-9)所示。其下炉膛按照斯蒂芬-玻尔兹曼公式计算，上炉膛作为冷却室来计算。以公司的实验数据为基础，考虑了燃烧器位置、过量空气系数、截面热负荷、壁面污染程度等因素的修正。

$$q = \sigma_0 A_s \varepsilon_s [\varepsilon_g T_g^4 - \alpha_{w \to g} T_w^4] \tag{2-9}$$

Sulzer 公司通过引入修正系数 K 来直接计算炉膛出口烟温，系数 K 考虑了燃烧器的倾角修正、火焰充满程度修正、燃烧器位置修正和炉内温度场的修正。其炉膛出口烟气无因次温度按公式(2-10)计算：

$$\theta''_T = \sqrt{\frac{Bo}{3K\varepsilon_0 + Bo}} \tag{2-10}$$

此外，Chandok 等[28]在一台 210MW 的燃煤锅炉中，以历史运行数据为训练样本，采用优化径向基和反向传播神经网络法对炉膛出口烟温进行了预测，结果与运行值吻合良好。然而这种方法需要大量的实测数据作为训练数据，并且训练完成的样本只适用于所研究的对象，不具备通用性。

锅炉对流受热面的传热计算方法比较统一，都是利用传热学实验中的相似原理。首先通过大量的锅炉管内强制对流换热和管外横向冲刷对流换热试验，获得大量的对流换热试验数据，然后从这些试验数据出发，按照相似原理把这些对流换热的试验数据整理表示成 Nu、Re 及 Pr 等相似准则数之间的函数关系，即对流换热关联式[56]。之后锅炉对流受热面的计算，按烟气的冲刷方式采用相应的对流换热关联式计算出对流传热系数，再利用传热学计算得间壁式模型，从而计算得到从烟气到工质的对流传热系数 k。国内外锅炉管束的对流传热计算方法差异不大。

2.2 锅炉热力计算的基本原理和公式

2.2.1 燃料燃烧计算

燃烧是燃料中的可燃元素与空气中的氧在高温条件下所进行的一种强烈化学反应。空气及燃烧产物的容积和焓是在标准状态(0℃和 101.3kPa)下按 1kg 固体、液体燃料和 1m^{3}气体燃料计算的。所有计算公式都是针对没有化学不完全燃烧而言。当化学不完全燃烧不明显时也可以利用，此时计算有足够的精度。在公式中固体和液体燃料的成分以质量分数表示，气体燃料以体积分数表示。在计算气体的焓时，实际气体与理想气体的摩尔容积不同不会带来计算误差，这是因为气体的比热容是按相同的摩尔容积确定的，即将空气和烟气都视为理想气体。

当在大气中燃烧固体和液体燃料时，空气及燃烧产物的容积和质量按下面所列公式计算，所有的容积单位均为 m^3/kg。燃料完全燃烧所需的理论干空气量(过量空气系数为 1 时)：

$$V^0 = 0.0889(C^y + 0.375S^y) + 0.265H^y - 0.0333O^y \tag{2-11}$$

燃料在理论必需空气量下(过量空气系数为 1 时)完全燃烧所生成的燃烧产物的理论容积。

氮气容积：

$$V_{N_2}^0 = 0.79V^0 + 0.8\frac{N^y}{100} \tag{2-12}$$

二氧化碳（CO_2+SO_2）容积：

$$V_{RO_2} = 1.866\frac{C^y + 0.375S^y}{100} \tag{2-13}$$

水蒸气容积：

$$V_{H_2O}^0 = 1.24\frac{W^y}{100} + 1.11\frac{H^y}{100} + 0.0161V^0 \tag{2-14}$$

当过量空气系数大于 1 时，计算按下列公式：

$$V_{H_2O} = V_{H_2O}^0 + 0.0161(\alpha - 1)V^0 \tag{2-15}$$

烟气的容积：

$$V_y = V_{RO_2} + V_{N_2}^0 + V_{H_2O} + (\alpha - 1)V^0 \tag{2-16}$$

三原子气体的容积份额：

$$\gamma_{RO_2} = \frac{V_{RO_2}}{V_y} \tag{2-17}$$

$$\gamma_{H_2O} = \frac{V_{H_2O}}{V_y} \tag{2-18}$$

燃烧产物中灰的浓度：

$$\mu = \frac{A^y\alpha_{fh}}{100m_y} \tag{2-19}$$

燃烧产物的质量：

$$m_y = 1 - \frac{A^y}{100} + 1.306\alpha V^0 \tag{2-20}$$

当在空气中燃用气体燃料时，空气及燃烧产物的容积和质量按下面所列公式计算，所有的容积单位均为 m^3/m^3。

理论干空气量：

$$V^0 = 0.0476\left[0.5CO + 0.5H_2 + 1.5H_2S + \sum\left(m + \frac{n}{4}\right)C_mH_n - O_2\right] \tag{2-21}$$

氮气的理论容积：

$$V_{N_2}^0 = 0.79V^0 + 0.01N_2 \tag{2-22}$$

二氧化碳（CO_2+SO_2）容积：

$$V_{RO_2} = 0.01(CO_2 + CO + H_2S + \sum mC_mH_n) \tag{2-23}$$

水蒸气的理论容积：

$$V_{H_2O}^0 = 0.01\left(H_2S + H_2 + \sum \frac{n}{2}C_mH_n + 0.124d_q\right) + 0.0161V^0 \quad (2-24)$$

不论是空气焓还是烟气焓，都是指在等压下，将1kg或$1m^3$燃料所需的空气量或所产生的烟气量从0℃加热到ϑ℃时所需的热量，焓以符号I表示，单位为$kJ/kg(kJ/m^3)$。

温度为ϑ℃时，理论必需空气量的焓为：

$$I_k^0 = V^0(c\vartheta)_B \quad (2-25)$$

1kg或$1m^3$燃料的烟气焓为：

$$I_y = I_y^0 + (\alpha - 1)I_k^0 + I_{fh} \quad (2-26)$$

过量空气系数为1，温度为ϑ℃时，烟气焓为：

$$I_y^0 = V_{RO_2}(c\vartheta)_{RO_2} + V_{N_2}^0(c\vartheta)_{N_2} + V_{H_2O}^0(c\vartheta)_{H_2O} \quad (2-27)$$

烟气中飞灰的焓为：

$$I_{fh} = \frac{A^y}{100}\alpha_{fh}(c\vartheta)_{fh} \quad (2-28)$$

由于$V_{CO_2} \gg V_{SO_2}$，且两者比热容接近，故取$(c\vartheta)_{RO_2} = (c\vartheta)_{CO_2}$。$1m^3$湿空气、二氧化碳、氮气及水蒸气的焓和1kg灰的焓列于表2-1中，在热力计算时，根据空气和烟气的温度线性内插求得。

表2-1　$1m^3$气体和空气、1kg灰的焓

ϑ	$(c\vartheta)_{CO_2}$	$(c\vartheta)_{N_2}$	$(c\vartheta)_{H_2O}$	$(c\vartheta)_k$	$(c\vartheta)_{fh}$
℃	kJ/m^3				kJ/kg
100	171.7	130.1	150.5	132.7	80.8
200	360.0	261.0	304.0	267.0	169.1
300	563	394	463	403	264
400	776	529	626	542	360
500	999	667	795	685	458
600	1231	808	969	830	560
700	1469	952	1149	979	662
800	1712	1098	1334	1129	767
900	1961	1247	1526	1283	875
1000	2213	1398	1723	1438	984
1100	2458	1551	1925	1595	1097

续表

ϑ	$(c\vartheta)_{CO_2}$	$(c\vartheta)_{N_2}$	$(c\vartheta)_{H_2O}$	$(c\vartheta)_k$	$(c\vartheta)_{fh}$
℃	kJ/m^3				kJ/kg
1200	2717	1705	2131	1754	1206
1300	2977	1853	2344	1914	1361
1400	3239	2009	2559	2076	1583
1500	3503	2166	2779	2239	1759
1600	3769	2324	3002	2403	1876
1700	4036	2484	3229	2567	2064
1800	4305	2664	3458	2732	2186
1900	4574	2804	3690	2899	2387
2000	4844	2965	3926	3066	2512
2100	5115	3127	4163	3234	2640
2200	5386	3289	4402	3402	2760
2300	5658	3452	4643	3571	2890
2400	5930	3615	4888	3740	3020
2500	6203	3778	5132	3910	3150

烟气的成分是用水蒸气和二氧化碳的容积份额γ_{H_2O}和γ_{CO_2}来表征，它们等于在压力为101.3kPa下各自的分压力。平均成分烟气相当于$\gamma_{H_2O}=0.11$和$\gamma_{CO_2}=0.13$，平均成分烟气的运动黏度ν_{pj}、导热系数λ_{pj}和物性准则Pr_{pj}值均已知且在标准方法中以表2-2的形式列出。其他任意已知成分烟气的物性由下式确定：

$$\nu = M_{\nu}\nu_{pj} \tag{2-29}$$

$$\lambda = M_{\lambda}\lambda_{pj} \tag{2-30}$$

$$Pr = M_{Pr}Pr_{pj} \tag{2-31}$$

上式中提到的三个比例系数，可以各自用一个多项式进行拟合(其中t为烟气温度,℃)：

$$M_{\nu} = (2.24 \times 10^{-4}\gamma_{H_2O} - 2.91 \times 10^{-5})t + 0.1045\gamma_{H_2O} + 0.9822 \tag{2-32}$$

$$M_{\lambda} = (4.8 \times 10^{-4}\gamma_{H_2O} - 6.32 \times 10^{-5})t + 0.33\gamma_{H_2O} + 0.9616 \tag{2-33}$$

$$M_{Pr} = 0.6\gamma_{H_2O} + 0.938 \tag{2-34}$$

表 2-2　空气和平均成分烟气的物性特性

空气				平均成分烟气		
t	$\nu \cdot 10^6$	$\lambda \cdot 10^2$	Pr	$\nu_{pj} \cdot 10^6$	$\lambda_{pj} \cdot 10^2$	Pr_{pj}
℃	m^2/s	W/(m·K)		m^2/s	W/(m·K)	
0	13.6	2.42	0.70	11.9	2.27	0.74
100	23.5	3.18	0.69	20.8	3.12	0.70
200	35.3	3.89	0.69	31.6	4.00	0.67
300	48.9	4.47	0.69	43.9	4.82	0.65
400	63.8	5.03	0.70	57.8	5.68	0.64
500	73.2	5.60	0.70	73.0	6.54	0.62
600	98.0	6.14	0.71	89.4	7.40	0.61
700	116.0	6.65	0.71	107.0	8.25	0.60
800	136.0	7.12	0.72	126.0	9.13	0.59
900	157.0	7.59	0.72	146.0	9.99	0.58
1000	179.0	8.03	0.72	167.0	10.87	0.58
1100	202.0	8.44	0.72	188.0	11.72	0.57
1200	226.0	8.85	0.73	211.0	12.53	0.56
1300	247.0	9.24	0.73	234.0	13.46	0.55
1400	277.0	9.63	0.73	258.0	14.38	0.54
1500	300.0	10.00	0.73	282.0	15.31	0.53
1600	331.0	10.36	0.74	307.0	16.24	0.52
1700	355.0	10.72	0.74	333.0	17.28	0.51
1800	390.0	11.08	0.74	361.0	18.10	0.50
1900	415.0	11.43	0.74	389.0	18.91	0.49
2000	445.0	11.83	0.74	419.0	19.84	0.49
2100	478.0	12.06	0.75	450.0	20.65	0.48
2200	511.0	12.41	0.75	482.0	21.58	0.47

2.2.2　锅炉热平衡计算

基于能量守恒原理，锅炉一般形式的热平衡方程式[26]如式(2-35)所示：

$$Q_r = Q_1 + Q_2 + Q_3 + Q_4 + Q_5 + Q_6 \tag{2-35}$$

式中　Q_r——送入锅炉的热量，kJ/kg；

Q_1——锅炉的有效利用热量，kJ/kg；

Q_2——排烟热损失，kJ/kg；

Q_3——化学不完全燃烧热损失，kJ/kg；

Q_4——机械不完全燃烧热损失，kJ/kg；

Q_5——锅炉的散热损失，kJ/kg；

Q_6——灰渣的物理热损失及冷却水热损失，kJ/kg。

若以送入锅炉热量的百分数来表示，则为：

$$100\% = q_1 + q_2 + q_3 + q_4 + q_5 + q_6 \tag{2-36}$$

$$q_i = \frac{Q_i}{Q_r} \times 100\% \tag{2-37}$$

锅炉热效率的计算式为：

$$\eta = \frac{Q_1}{Q_r} \times 100\% = 100\% - (q_2 + q_3 + q_4 + q_5 + q_6) \tag{2-38}$$

在这些热损失中，排烟热损失是最主要的一项，它是由于排出锅炉时的烟气焓高于进入锅炉时的空气焓而造成的热损失。其计算如下：

$$q_2 = \frac{Q_2}{Q_r} \times 100\% = \frac{(I_{py} - \alpha_{py} I_{lk}^0)(1 - q_4)}{Q_r} \tag{2-39}$$

式中 I_{py}——过量空气系数为 α_{py}、温度为 ϑ_{py} 时的排烟的焓，kJ/kg；

α_{py}——排烟处的过量空气系数；

I_{lk}^0——空气通道入口处理论空气量的焓，kJ/kg；

q_4——机械不完全燃烧热损失，%。

锅炉内总的有效利用热：

$$\begin{aligned} Q_{yx} = &(D_{gq} - D_{jw})(i''_{gq} - i_{gs}) + D_{jw}(i''_{gq} - i_{jw}) + D_{ps}(i_{ps} - i_{gs}) \\ &+ (D_{zq} - D_{zjw})(i''_{zq} - i'_{zq}) + D_{zjw}(i''_{zq} - i_{zjw}) + Q_{ql} \end{aligned} \tag{2-40}$$

式中 D_{gq}——生产出的过热蒸汽的流量，kg/s；

D_{jw}——过热蒸汽减温水的流量，kg/s；

D_{ps}——锅炉排污水的流量，kg/s，当排污量小于2%时，排污水热量可不必考虑；

D_{zq}——再热蒸汽的流量，kg/s；

D_{zjw}——再热蒸汽减温水的流量，kg/s；

i''_{gq}——过热蒸汽焓，kJ/kg；

i_{gs}——给水焓，kJ/kg；

i_{jw}——过热蒸汽减温水的焓，kJ/kg；

i_{ps}——排污水焓，为锅筒(分离器)压力下的饱和水焓，kJ/kg；

i''_{zq}——再热蒸汽出口焓，kJ/kg；

i'_{zq}——再热蒸汽入口焓，kJ/kg；

i_{zjw}——再热蒸汽减温水的焓，kJ/kg；

Q_{ql}——其他利用的总热量，如由锅炉加热送往用户的热水或蒸汽带走的热量，kW。

送入锅炉的燃料量：

$$B = \frac{Q_{yx}}{\frac{Q_r \eta}{100} + Q_h} \tag{2-41}$$

为了计算燃烧产物、空气的容积以及烟气对受热面的放热量，引入计算燃料消耗量，它考虑了机械未完全燃烧热损失，按式(2-42)计算：

$$B_j = B\left(1 - \frac{q_4}{100}\right) \tag{2-42}$$

2.2.3 炉膛传热计算

炉内换热的计算方法是用来计算单炉膛和半开式炉膛的换热。其本质是以能量方程和辐射能传递方程导出的准则数为基础，用相似理论方法整理实验数据，建立出炉膛出口烟温的直接计算式。

炉膛容积 V_T 划分规定：进行炉内换热计算时，炉膛容积的边界是水冷壁管中心线算在平面或者是绝热保护层的向火面。在炉膛出口断面以通过屏、凝渣管或锅炉管束管第一排管子中心线的平面作为其容积的边界。如果屏式管束沿整个炉膛断面布置在炉膛上部，那么炉膛的上边界为屏下的水平面，甚至壁面到管束的距离和管束之间的距离大于屏的节距时也是这样。炉膛容积的下边界是炉底，当有冷灰斗时，则取将其二等分的水平面作为炉膛容积的下边界。

炉墙面积 F_{CT} 计算规定：炉膛容积内没有屏时，炉膛计算表面积 F_{CT} 就是包覆炉膛容积的表面和双面水冷壁表面积之和。如果炉膛容积内有屏，计算的时候就比较复杂，需要考虑到炉膛水冷壁和屏的曝光不均匀性。

$$F_{CT} = F_{free} + z_1 \times F_{SH} + z_2 \times F_{SHW} \tag{2-43}$$

式中 F_{free}——炉膛自由容积墙面积，m^2；

F_{SH}——屏的面积，m^2；

F_{SHW}——屏区炉墙面积，m^2；

z_1——屏的曝光不均匀系数；

z_2——屏区水冷壁曝光不均匀系数，z_1 和 z_2 分别与屏的角系数、屏区水冷壁的角系数以及炉膛自由容积黑度和炉膛屏间容积黑度有关。

在俄罗斯 98 计算标准中，将布格尔准则数作为吸收特性准则数，用以表示燃烧产物的基本辐射特性：

$$Bu = kps \tag{2-44}$$

式中 k——炉内介质的吸收系数(辐射减弱系数)，1/(m·MPa)，按炉膛出口烟温和烟气组成来计算，确定它时要考虑三原子气体(CO_2、H_2O)及悬浮于其中的炭黑、飞灰和焦炭粒子流的辐射；

p ——炉膛内的压力，MPa；

s ——有效辐射层厚度，m。

三原子气体辐射减弱系数 $k_Г$ ：

$$k_Г = \left(\frac{7.8 + 16r_{H_2O}}{\sqrt{10pr_n s}} - 1\right)(1 - 0.37 \times 10^{-3}T''_T)r_n \tag{2-45}$$

炭黑粒子辐射减弱系数 k_c ，只有在燃油、燃气锅炉中涉及：

$$k_c = \frac{1.2}{1 + \alpha_T^2}\left(\frac{C^y}{H^y}\right)^{0.4}(1.6 \times 10^{-3}T''_T - 0.5) \tag{2-46}$$

灰粒子辐射减弱系数 $k_{зл}\mu_{зл}$ ：

$$k_{зл}\mu_{зл} = \frac{10^4 A_{зл}}{\sqrt[3]{(T''_T)^2}}\frac{\mu_{зл}}{1 + 1.2\mu_{зл}s} \tag{2-47}$$

式中　$\mu_{зл}$ ——烟气飞灰浓度，kg/kg。

焦炭粒子辐射减弱系数 $k_{kokc}\mu_{kokc}$ 根据燃料种类按表 2-3 选取。

表 2-3　焦炭粒子辐射减弱系数 $k_{kokc}\mu_{kokc}$ 的确定

燃料种类	$k_{kokc}\mu_{kokc}$ /[1/(m · MPa)]
无烟煤屑、贫煤	0.25
烟煤	0.20
褐煤、页岩、铲采泥煤	0.10

炉膛燃用固体燃料时，基本的辐射组分是三原子气体、灰粒子和焦炭粒子。因此炉内介质的辐射减弱系数：

$$k = k_Г + k_{зл}\mu_{зл} + k_{kokc}\mu_{kokc} \tag{2-48}$$

炉膛燃用重油或气体燃料时，基本的辐射组分是三原子气体以及悬浮在气流内的炭黑粒子，考虑到发光火焰(炭黑粒子)在炉膛内的充满度，炉内介质的辐射减弱系数可以用式(2-49)计算：

$$k = k_Г + mk_c \tag{2-49}$$

式中　m ——炭黑粒子在炉膛内的充满度。

决定炉膛出口烟气温度 ϑ''_T 的主要参数是波尔兹曼辐射换热准则数(Bo)和布格尔吸收特性准则数(Bu)。联系这些参数的函数形式是建立在锅炉炉内换热试验数据的基础之上。

$$\vartheta''_T = \frac{T_a}{\frac{M\,\overline{Bu}^{0.3}}{Bo^{0.6}} + 1} - 273 \tag{2-50}$$

波尔兹曼辐射换热准则数 Bo ：

$$Bo = \frac{\varphi B_{\mathrm{j}} \left(Vc \right)_{\mathrm{cp}}}{\sigma_0 \psi_{\mathrm{cp}} F_{\mathrm{CT}} T_{\mathrm{a}}^3} \tag{2-51}$$

式中 T_{a} ——燃料绝热燃烧温度，K；

M ——考虑燃烧器布置相对标高、炉内烟气中惰性成分的多少以及其他因素对换热强度影响的参数；

B_{j} ——计算燃料消耗量，kg/s；

F_{CT} ——炉墙面积，m^2；

$(Vc)_{\mathrm{cp}}$ ——1kg($1\mathrm{m}^3$)燃料的燃烧产物在($T_{\mathrm{a}} \sim T''_{\mathrm{T}}$)温度区间内总的平均比热容，kJ/(kg · K)；

ψ_{cp} ——水冷壁的平均热有效系数，；

φ ——保热系数；

$\sigma_0 = 5.67 \times 10^{-11}\ \mathrm{kW/(m^2 \cdot K^4)}$ ——绝对黑体的辐射系数；

$\overline{Bu}$ ——布格尔准则数的有效值。

利用有效准则值 $\overline{Bu}$ 来考虑炉膛温度场不等温性和辐射散射效应对换热的影响，按式(2-52)计算：

$$\overline{Bu} = 1.6\ln\left(\frac{1.4Bu^2 + Bu + 2}{1.4Bu^2 - Bu + 2}\right) \tag{2-52}$$

炉膛 M 数是表示沿炉膛高度方向温度最大值的相对位置对炉内换热的影响，即沿炉膛高度方向温度场不等温性对炉内换热的影响。对于室燃炉，参数 M 按式(2-53)计算：

$$M = M_0(1 - 0.4x_{\Gamma})\sqrt[3]{r_{\mathrm{v}}} \tag{2-53}$$

式中 x_{Γ} ——炉膛内燃烧器布置的相对标高；

r_{v} ——炉内烟气惰性成分参数。

炉内总换热量的计算：

确定出炉膛出口烟温 ϑ''_{T} 后，对应于 1kg($1\mathrm{m}^3$)燃料而言，炉内的吸热量按式(2-54)计算：

$$Q_{\Pi} = \varphi(Q_{\mathrm{T}} - I''_{\mathrm{T}}) \tag{2-54}$$

2.2.4 对流受热面传热计算

常见锅炉对流受热面的类型包括：凝渣管束、锅炉管束、对流过热器和再热器、省煤器及空气预热器等。对流受热面的传热计算是建立在联合求解热平衡和传热方程的基础上。

根据烟气放出的热量与受热工质吸收的热量相等，可以列出热平衡方程式：

$$Q_{rp} = \varphi(I' - I'' + \Delta\alpha I_{lf}^{0}) - Q_{fj} = \frac{D}{B_j}(i'' - i') - Q_f \tag{2-55}$$

式中 φ——保热系数；

I'、I''——受热面入口处、出口处烟气焓，kJ/kg；

$\Delta\alpha$——漏风系数；

I_{lf}^{0}——理论漏风量的焓，kJ/kg；

D——流经受热面的蒸汽(水)的流量，kg/s；

i'、i''——受热面入口处、出口处蒸汽/水的焓，kJ/kg；

Q_f——毗邻炉膛出口烟窗的受热面从炉膛获得的辐射热量，kJ/kg。

根据烟气和工质对流冲刷受热面管束的关联式和传热学原理，可得传热方程式如下所示：

$$Q_{cr} = \frac{kH\Delta t}{B_j} \times 10^{-3} \tag{2-56}$$

式中 Q_{cr}——相对 1kg(1m^3)燃料，受热面以对流和管间辐射方式吸收的热量，kJ/kg；

k——计算受热面的传热系数，W/(m^2·K)；

Δt——传热温压，K；

H——计算受热面积，m^2。

在求解时有：

$$Q_{rp} = Q_{cr} \tag{2-57}$$

在进行对流受热面计算时，可先预估其中一种介质的温度/焓，并按热平衡方程计算出受热面的吸热量和另一介质的终温/焓，然后计算传热系数、传热温压，并按传热方程式求出受热面的吸热量。如果由传热方程得到的吸热量和按热平衡方程求得的吸热量之差不超过 2%，此时可认为计算收敛。当两者偏差较大时，就应取用新的终温重复计算。

传热系数 k 计算时将受热面管子的传热系数看作为多层壁的传热系数：

$$k = \frac{1}{\dfrac{1}{\alpha_1} + \dfrac{\delta_\varepsilon}{\lambda_\varepsilon} + \dfrac{\delta_M}{\lambda_M} + \dfrac{\delta_{B,O}}{\lambda_{B,O}} + \dfrac{1}{\alpha_2}} \tag{2-58}$$

式中 α_1，α_2——加热介质对管壁及管壁对受热介质的放热系数，W/(m^2·K)，对于各种带有外肋的受热面，用折算放热系数 α_{1zs} 代替 α_1；

δ_M ——管壁金属的厚度，m；

λ_M——管壁金属的导热系数，W/(m · K)；

$\varepsilon=\delta_\varepsilon/\lambda_\varepsilon$ ——灰污层的热阻，称为污染系数，$m^2 \cdot K/W$；

$\delta_{B,O}$ ——管子内表面沉积层的厚度，m；

$\lambda_{B,O}$——管子内表面沉积层的导热系数，W/(m · K)。

如果换热介质之一或两者都是烟气或空气，那么光管受热面烟气侧和空气侧的热阻$\left(\frac{1}{\alpha_1}\text{和}\frac{1}{\alpha_2}\right)$将大大超过金属的导热热阻，此时后者可以忽略不计，即管壁金属的导热热阻 $\delta_M/\lambda_M=0$。当计算汽-汽热交换器时，管壁金属的热阻是要考虑的。

在锅炉正常运行情况下，内部沉积不应引起管子热阻严重增大，因此在传热性能计算中也不必考虑，即 $\delta_{B,O}/\lambda_{B,O}=0$。灰污层的热阻与许多因素有关：燃料种类、烟气速度、管子直径及其布置方式、灰粒大小等。在很多情况下由于没有这方面的数据，现在采用两种办法估算灰污的影响：借助污染系数 ε 和有效系数 ψ，后者为灰污管的传热系数与清洁管传热系数的比值。

传热温压 Δt 就是按整个受热面平均的加热介质和受热介质的温度差。温压大小与其相互流动方向有关。倘若介质之一的温度在受热面范围内是不变的，那么温压大小就与两者相互流动方向无关。

两种介质在整个路程上彼此反向平行流动称作逆流方案，而彼此同向流动的称为顺流方案。这两种方案的温压都可以按对数平均温差来计算：

$$\Delta t=\frac{\Delta t_d-\Delta t_x}{\ln\frac{\Delta t_d}{\Delta t_x}} \tag{2-59}$$

式中 Δt_d ——受热面中具有大温差的那一端介质的温度差，K；

Δt_x ——受热面另一端的温度差，K。

逆流布置时可达到最大可能温压，而顺流布置时温压最小，其他连接方案的温压介于二者之间。

2.3 锅炉传热性能计算的补充

进行锅炉或其单个部件的设计计算时，可根据给定的烟气温度和受热介质的温度来确定每个部件的吸热量，然后计算温压及传热系数，再由换热方程式求出受热面积的数值。进行锅炉校核计算时，不仅烟气和内部介质的中间温度是未知数，而且所求的排烟温度、空气预热温度有时还包括蒸汽的过热温度也是未知数。为了完成计算，要利用逐步近似法来使其渐次精确。

在计算过程中需要预先估计排烟温度和空气预热温度，计算热损失、锅炉效率及燃料消耗量。接着计算炉膛出口的烟气温度，随后用逐步近似法计算炉膛之后至省煤器前的各个受热面后面的烟气温度。省煤器吸热量的计算是在已知进口烟温和省煤器进口水温的情况下进行的，该烟温是由前一受热面的计算所确定的，省煤器后的烟温和出口水温利用逐步近似法计算。

空气预热器的计算中，空气预热器的进口烟温（由省煤器计算得到）和进入系统的空气温度是已知的。利用逐步近似法来计算排烟温度和热空气温度。如果计算得到的排烟温度与计算开始时所取用的排烟温度之差不超过 ±10℃，而热空气温度之差不超过 ±40℃，则可认为锅炉的换热计算已经结束，所求得的温度就是结果。估计预热空气的温度时，只要偏差小于 40℃，炉膛出口烟温的变化不会超过 ±10℃，实际上这对以后各受热面的计算精度并无影响。

根据已经求得的排烟温度去校准排烟热损失、锅炉热效率和燃料消耗量。再按得到的热空气温度和炉膛出口烟温去校正 1kg（$1m^3$）燃料而言的炉膛受热面的吸热量。按下式确定锅炉热平衡的误差：

$$\Delta Q = Q_r\eta - (Q_{\Pi} + Q_{nz} + Q_{gr} + Q_{zr} + Q_{sm} + Q_{gk}) \tag{2-60}$$

式中　Q_{Π}——炉膛吸热量，kJ/kg；

Q_{nz}——锅炉管束和凝渣管的吸热量，kJ/kg；

Q_{gr}——过热器（辐射式除外）的吸热量，kJ/kg；

Q_{zr}——再热器的吸热量，kJ/kg；

Q_{sm}——省煤器的吸热量，kJ/kg；

Q_{gk}——过量空气的吸热量，kJ/kg。

代入公式中的各值应是由热平衡方程式计算所得的值，误差值不应超过 Q_r 的 0.5%。

一般采用简化方法计算与主受热面并联或串联的不大的（<10%）附加受热面的传热。锅炉中常见的附加受热面有对流烟道的贴墙水冷壁、过热器的悬吊管、烟道墙上或顶棚上的省煤器引出管等。不论附加受热面和主受热面的结构形式如何，附加受热面的传热系数取其与主受热面相同。在计算受热面出口烟气的温度时，须预先估计附加受热面的吸热量，并将该吸热量与主受热面的吸热量加起来。利用附加受热面的温压值来校核取用的吸热量是否准确。与主受热面呈并联布置（按烟气流程而言）的附加受热面，它的温压取其等于烟道中的平均温度与附加受热面中载热介质平均温度之差；而与主受热面呈串联布置（按烟气流程而言）的附加受热面，它的温压可取其等于烟道出口的烟气温度与附加受热面中载

热介质平均温度之差。

附加受热面的吸热量 Q_{fj} 按式(2-61)计算：

$$Q_{fj}=\frac{kH_{fj}\Delta t_{fj}}{B_j}\times 10^{-3} \qquad (2-61)$$

式中　k——主受热面的传热系数，W/(m^2·K)；

H_{fj}——被烟气冲刷的附加受热面面积，m^2；

Δt_{fj}——附加受热面的传热温压，K。

附加受热面吸热量的估计值与计算所得值之差不超过 ±10%是允许的。若附加受热面不超过主受热面的5%，不必单独计算它，而是将其包括到按内部介质和它串联的管束受热面内。

根据热量平衡，减温器后蒸汽的焓值 i'' 按式(2-62)计算：

$$i''=\frac{D'i'+\Delta Di_p}{D''} \qquad (2-62)$$

式中　D'——减温器前蒸汽流量，kg/s；

ΔD——喷水减温器喷水量，kg/s；

D''——减温器后蒸汽流量，kg/s；

i'——减温器前蒸汽的焓，kJ/kg；

i_p——减温水的焓，kJ/kg；

i''——减温器后蒸汽的焓，kJ/kg。

2.4　本章小结

本章首先讲述了锅炉热力计算方法的发展历史，特别是苏联/俄罗斯的热力计算方法发展。我国锅炉技术的起步由于某些原因，沿用苏联的热力计算标准方法。苏联的73标准时至今日在我国一些锅炉制造和研究机构仍然在用。其次，总结了锅炉热力计算方法的研究现状，包括苏联/俄罗斯计算标准的改进点，以及我国学者提出的炉膛传热改进方法。再次，分析了零维模型、一维模型和多维模型的特点，指出了炉膛数值模拟计算是炉膛辐射传热计算的主要发展方向，它能够获得炉膛内速度场、温度场、组分浓度场、热流密度场等详细参数。最后，叙述了锅炉热力计算的基本原理和主要公式，包括了燃料燃烧计算、锅炉热平衡计算、炉膛传热计算和对流受热面传热计算的主要公式，这些公式构成了锅炉热力计算方法的基本梗概。

在现代化大型锅炉中，炉内受热面布置较多，汽水流程和烟气流程也越来越复杂。从受热面的传热类型上看有炉膛内的辐射受热面、炉膛出口处的半辐射受热面及后续的对流受热面。而蒸汽系统布置上一般有一次再热，最新的百万千瓦级超超临界锅炉机组甚至布置有二次再热。考虑到再热蒸汽的汽温调节，在烟道设置上布置有尾部竖井双烟道，甚至三烟道的情况。还有一些锅炉为了特定的目的，采用了烟气再循环技术。此外，为了提高锅炉的传热效率和密封性，锅炉的所有烟道都布置有膜式包墙管，包墙管的吸热已不能忽略。因此现代锅炉的热力计算过程非常复杂、计算工作量很大、计算周期长且较难保证计算结果的准确性和一致性。在这样的工程背景下，锅炉热力计算的程序化设计就显得尤为重要，锅炉热力计算软件的研发能够极大减少科研人员和工程设计人员的工作量，提高工作效率和计算准确性。

3.1　锅炉热力系统分析

根据锅炉中各个部件的结构和功能，可以把锅炉热力系统中的部件分为四种类型：传热部件、减温部件、连接部件和虚拟部件。各个部件的抽象模型如图3-1所示。

传热部件指锅炉中的各种受热面，包含主要受热面和附加受热面。以旋风炉为例，主要受热面有辐射式受热面、半辐射半对流式受热面和对流式受热面。辐射式受热面有旋风筒、冷却室、炉膛内大屏、炉膛内墙式过热器/再热器、炉膛内顶棚管过热器、炉膛内其他水冷壁、转向烟室等；半辐射半对流式受热面是指布置在炉膛出口烟窗处的屏式过热器，同时吸收炉膛内的辐射热量和流经其内的烟气对流放热量；对流式受热面有对流过热器/再热器、锅炉管束、省煤器、空气预热器等。附加受热面主要指与主要受热面并联或者串联在一起，但与主要受热面相比传热面积不大的受热面，如贴墙水冷壁、顶棚管、包墙管、各种支吊管和引出管等。烟气流过传热部件时放出热量温度降低，而工质流过传热部件时吸

这些集箱在热力系统中设置为都不受热。当工质流过连接部件时会按一定的流量分配分流成几股或者多股工质汇合为一股。

虚拟部件是在热力计算程序化设计中为了方便计算模型的建立和程序流程的实现而人为定义的一些部件，这些部件在实际锅炉中并不存在，只是为了计算机计算方便。虚拟部件一般包含炉膛出口烟窗、分烟挡板和合烟挡板等。该类部件不受热，也不作为工质的流通通道。热力计算软件计算时虚拟部件用于标记锅炉烟气流程中的特征位置。出口烟窗作为炉膛受热面和对流受热面的分界面。分烟挡板用于将烟道一分为二，在分烟挡板处烟气分为两股，同理在合烟挡板处两股烟气合二为一。

3.2 通用计算模型建立

根据锅炉热力系统的分析，可以对锅炉中的对象和部件进行如下抽象。

1）燃料对象的抽象

燃料燃烧计算是建立在燃烧化学反应的基础上，是热力计算的基础。燃料燃烧时，其中的可燃碳与氧反应生成二氧化碳，氢与氧反应生成水蒸气，硫与氧反应生成二氧化硫，同时放出反应热。

煤是一种以碳为主的组分复杂的混合物，成分包括：碳(C)、氢(H)、氧(O)、氮(N)、硫(S)、水分(M)和灰分(A)。煤的种类繁多，不同煤田产出的煤成分不同，同一煤田不同的开采地点及时间其产出的煤也可能不同。无论是传统的锅炉燃料煤、石油、气体燃料，还是生物质、垃圾或者各种不同燃料的掺烧，都可将燃料抽象成是由碳、氢、氧、氮、硫、水分和灰分组成。在燃料燃烧计算时，只需根据燃料的元素分析来计算理论空气量、烟气容积和组分等而无关燃料组成的复杂性。经过对燃料的抽象，可以真正地解决热力计算对燃料的适应性问题。

2）传热部件的抽象逻辑模型

在图 3-2 中，Si、So 分别表示进、出口烟气参数，而 Mi、Mo 则分别表示进、出口蒸汽、水或者空气的参数。烟气流过换热部件后放出热量，温度降低；蒸汽、水或者空气流过换热部件后吸收热量，温度升高。

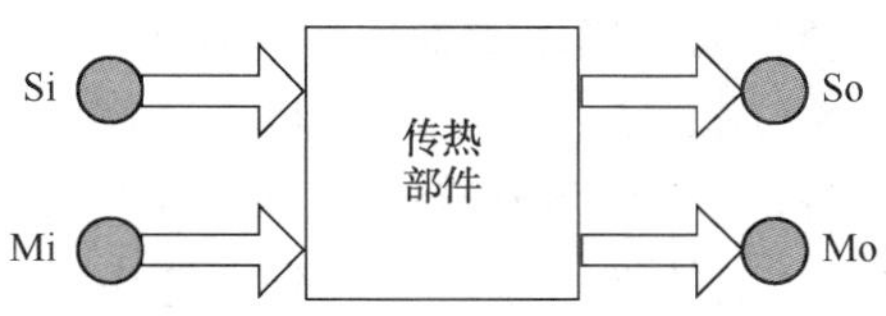

图 3-2 传热部件的抽象逻辑模型

3）分叉与汇合的抽象逻辑模型

在图 3-3 中，将连接部件具体分为

分叉部件和汇合部件，流体流经分叉部件后流量分配为若干股。多股流体流过汇合部件后汇流为一股。

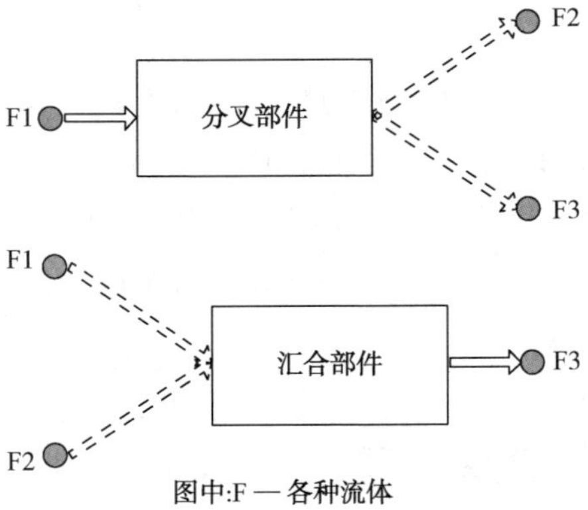

图 3-3　分叉与汇合的抽象逻辑模型

4）喷水减温器的抽象逻辑模型

在图 3-4 中，在两级过热器之间设置有喷水减温器时，前一级过热器的流量和减温水汇合后流入到下一级过热器中。

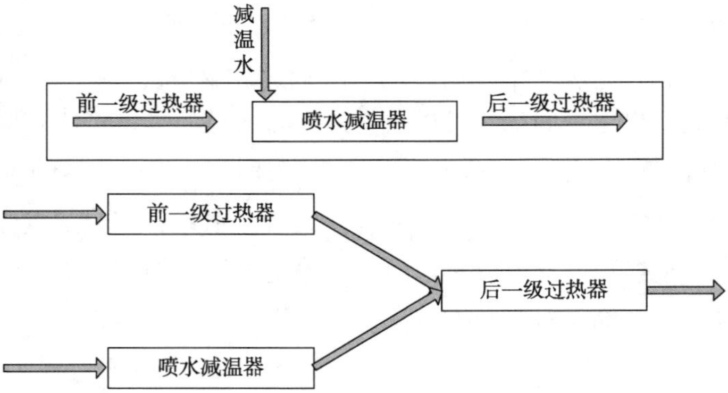

图 3-4　喷水减温器的抽象逻辑模型

5）烟气挡板的抽象逻辑模型

在图 3-5 中，当锅炉设计为尾部竖井双烟道时，通过改变布置在烟道中的烟气挡板开度来调节流过两个烟道中的烟气流量，在热力计算时，流过两个烟道内的受热面的烟气流量需要分别考虑。在热力计算程序设计中，我们可以设置“分烟挡板”和“合烟挡板”逻辑模型，一方面用于标记锅炉尾部竖井双烟道的起始位置，另一方面可以设置双烟道中烟气流量的分配比例。分烟挡板用于将烟道一分为二，在分烟挡板处烟气分为两股，合烟挡板用于将分开的两股烟气在双烟道末尾合成一股。

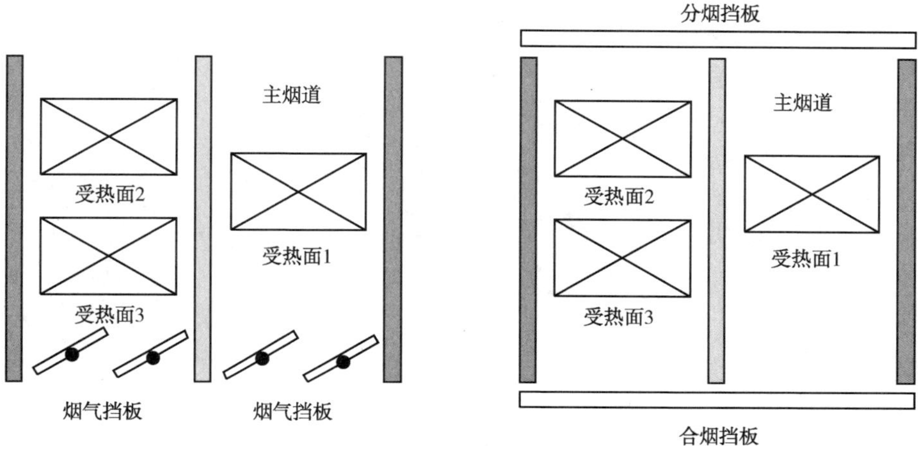

图 3-5 烟气挡板的抽象逻辑模型

6）集箱的抽象逻辑模型

在图 3-6 中，集箱是典型的连接部件，能够描述水或水蒸气的分流和汇集关系。集箱的类型可以分为进口集箱、出口集箱、分配集箱等，这些集箱在热力系统中都不受热，集箱抽象逻辑模型的引入使得程序能够识别锅炉的复杂汽水流程，大大提升了热力计算程序的通用性。

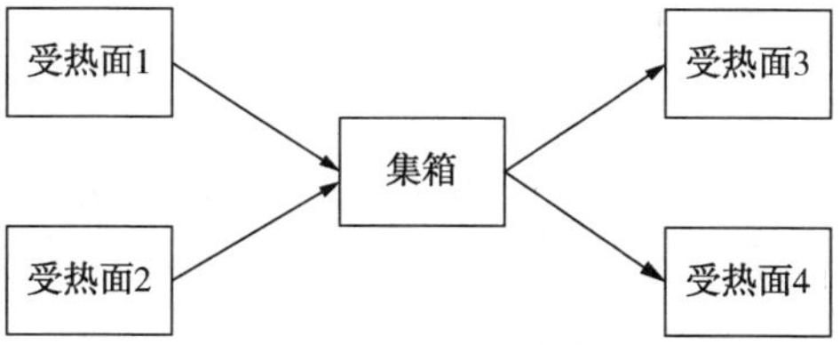

图 3-6 集箱的抽象逻辑模型

7）锅炉热力系统的抽象逻辑模型

根据以上对锅炉各种部件的抽象简化，不考虑真实锅炉部件的结构细节和定位尺寸，只考虑部件之间的相互逻辑关系，可以抽象简化出锅炉热力系统的抽象逻辑模型，如图 3-7 所示。

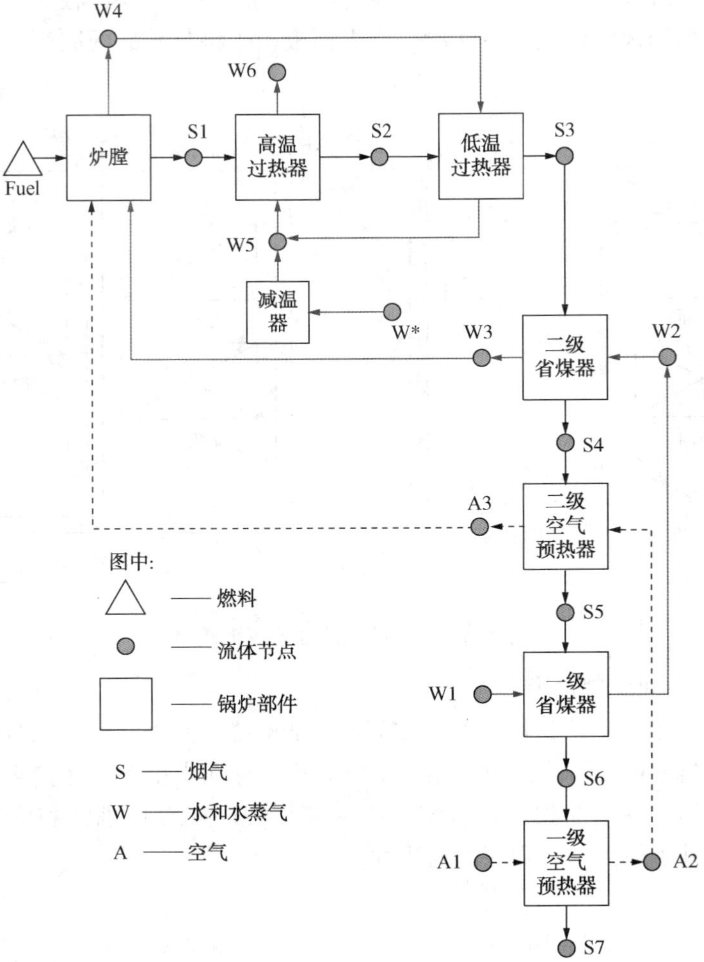

图 3-7　锅炉热力系统的抽象逻辑模型

3.3　程序计算流程和迭代方法

以旋风炉热力系统为研究对象，旋风炉热力计算的流程[62-66]如图 3-8 所示。具体如下：(1)给定旋风炉的锅炉参数、煤质分析，进行燃料和燃烧产物特性计算，确定旋风筒、捕渣管束、炉膛、各级对流受热面等处的烟气容积、成分和焓；(2)假定旋风炉中各个部件节点处的烟气和工质温度，初始化系统热力参数；(3)根据假定的排烟温度和热风温度进行旋风炉的热平衡计算，确定热损失、锅炉机组的热效率以及燃料消耗量；(4)沿烟气流程对旋风炉各传热部件逐一进行计算，得到各节点温度参数的计算值；(5)比较计算值与假定值，若超过规定的误差范围则返回更新假定值重新计算，若满足规定的误差范围则进入下一步；(6)比较排烟温度和热风温度的计算值与假定值，若超过预定误差则返回更新假定值重新计算，否则计算完成，输出计算结果。

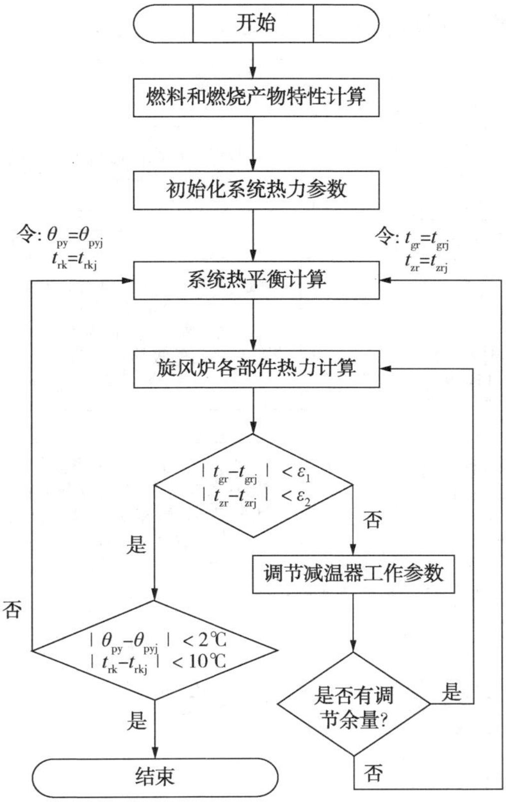

图 3-8　旋风炉热力计算程序流程图

由图 3-8 所示的程序计算流程图可见，在旋风炉热力计算过程中不仅整体系统需要进行迭代计算，每个单独受热面也需要进行迭代计算。然而锅炉热力系统一般受热面较多且布置流程复杂，这为程序计算的算法组织带来了困难。本书针对旋风炉热力计算的特点，在程序化设计中采用序贯模块迭代法来实现计算求解。序贯模块迭代法是指按照由各个模块组成的过程系统结构，序贯地对各模块进行计算，进而完成整个过程系统的计算并反复迭代求精。在旋风炉热力计算中，每个部件都可以看作是一个模块，沿着烟气流程(从旋风筒开始依次流经捕渣管束、炉膛、各级对流受热面直至空气预热器出口)对每个模块进行逐一迭代计算，求得各个部件节点处的烟气温度 θ_i 和工质温度 t_i，将求得的 θ_i 和 t_i 与初始化假定的 $\dot{\theta}_i$ 和 $\dot{t}_i$ 进行比较，若满足误差要求则计算完成，否则用 θ_i 和 t_i 的值来更

新 $\dot{\theta}_i$ 和 $\dot{t}_i$ 并沿烟气流程重新计算每个模块，如此反复迭代直至满足误差要求。

在单个受热面计算时，炉膛计算过程中计算 Bu 和 $(Vc)_{cp}$ 时需要预先假定炉膛出口烟温值，而对流受热面在计算时需要计算工质物性和传热温压，也需要预先假定受热面出口烟气温度，因此在进行炉膛和对流受热面等单个受热面计算时也需要进行迭代求解，其计算流程图如图 3-9 所示。

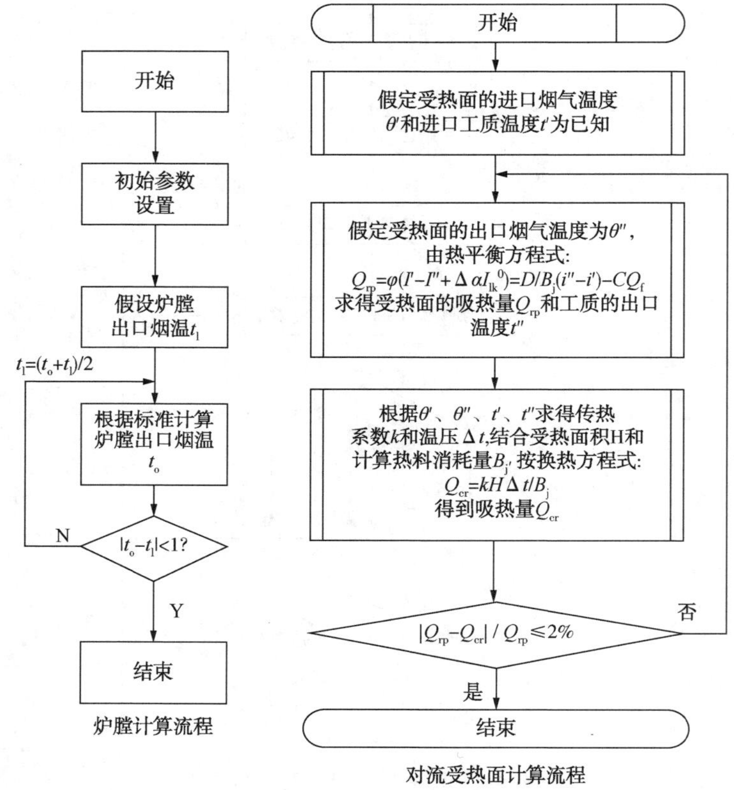

图 3-9 炉膛和对流受热面的程序计算流程图

3.4 程序设计与开发结果

在进行旋风炉热力计算时，所需要的数据非常多，如燃料参数、锅炉基本参数、锅炉各个部件的结构尺寸参数等。考虑到数据的合理管理，在程序设计开发中结合 Office 办公软件，输入数据以 Access 文件保存，输出的计算结果以 Excel 文件保存。旋风炉热力计算软件采用 Visual Basic 6.0 语言开发，主要的界面如图 3-10～图 3-13 所示。软件开发完成后，以某台立式旋风炉为例对软件进行了运行调试和算例演示，计算结果能够满足工程应用的需要。

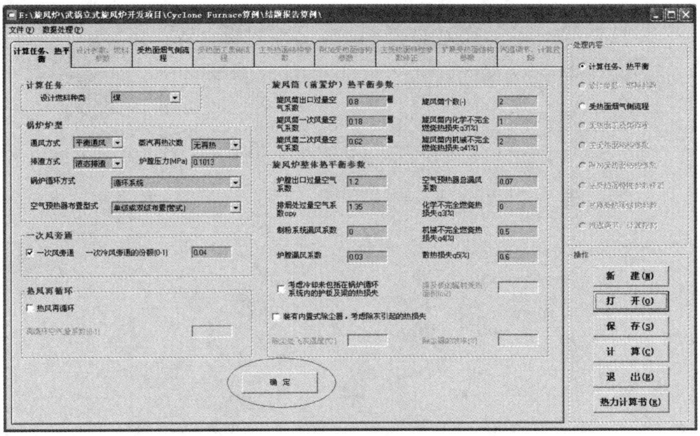

图 3-10 旋风炉热力计算软件主界面之锅炉基本参数输入

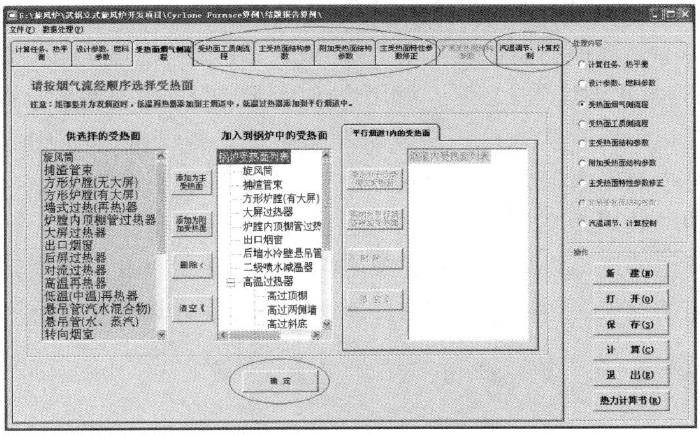

图 3-11 旋风炉热力计算软件主界面之烟气流程搭建

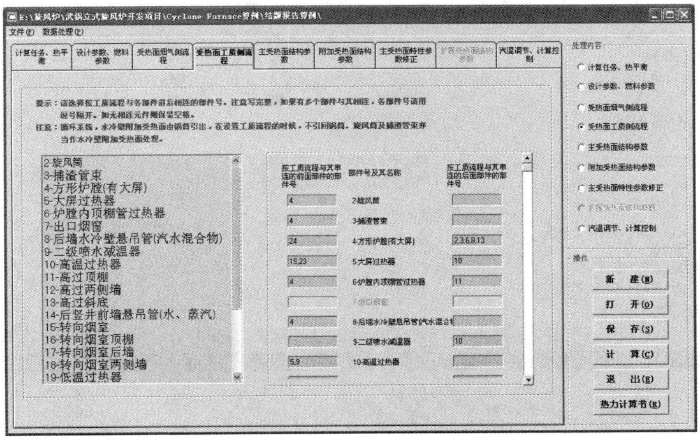

图 3-12 旋风炉热力计算软件主界面之工质流程搭建

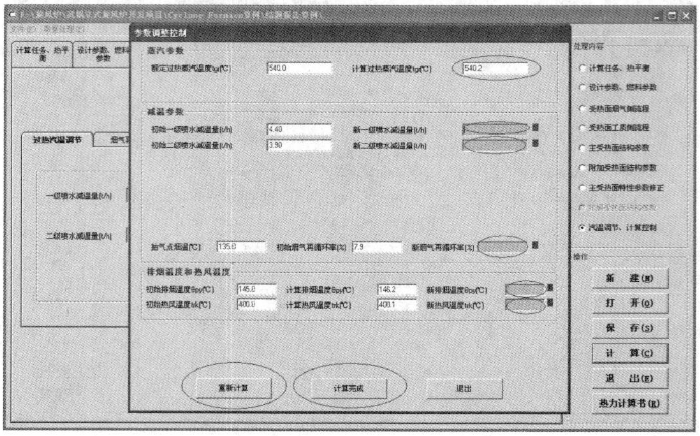

图 3-13　旋风炉热力计算软件主界面之计算结果输出

在该计算算例中，锅炉的额定蒸发量为 220t/h，主蒸汽温度为 540℃，主蒸汽压力为 9. 8MPa，给水温度为 215℃，燃用煤种为新疆准东煤中的紫金煤。制粉系统选用中速磨煤机正压直吹式冷一次风机制粉系统，磨煤机选用 HP683 型碗式中速磨煤机。排烟温度为 135℃，软件输出的热力计算结果如图 3-14 和图 3-15 所示。计算出的热效率为 92. 72%，燃料消耗量为 24. 68t/h。热力计算汇总表中给出了各个受热面的进出口烟气温度、工质温度、吸热量以及附加受热面的吸热量等信息。输出的结果表明所编制的软件能够满足准确计算的要求。

	A	B	C	D	E	F	G
30	化学不完全燃烧热损失	q_3	%	整台锅炉	0.00		
31	机械不完全燃烧热损失	q_4	%	整台锅炉	0.50		
32	散热损失	q_5	%		0.60		
33	灰渣物理热损失	q_6	%		0.19		
34	锅炉热效率	η	%		91.60		
35	保热系数	φ	–		0.99		
36	锅炉有效利用热	Q_{yx}	kW		156795.42		
37	燃料消耗量	B	t/h	整台锅炉	24.85		
38	计算燃料消耗量	B_j	t/h	整台锅炉	24.72		
39	旋风筒个数	Z_{xf}	–		2		
40	旋风筒一次风量空气系数	α_{1_xf}	–	相对于旋风筒内计算燃料消耗量	0.18		
41	旋风筒二次风量空气系数	α_{2_xf}	–	相对于旋风筒内计算燃料消耗量	0.62		
42	旋风筒内化学不完全燃烧热损失	q_{3_xf}	%	单个旋风筒	1.00		
43	旋风筒内机械不完全燃烧热损失	q_{4_xf}	%	单个旋风筒	2.00		
44	旋风筒内燃料消耗量	$B_{\_xf}$	t/h	单个旋风筒	12.42		
45	旋风筒内计算燃料消耗量	B_{j_xf}	t/h	单个旋风筒	12.17		
46	烟气酸露点温度	t_p	℃		97.18		

图 3-14　热平衡计算结果

参数	计算受热面面积	进口烟温	出口烟温	工质进口温度	工质出口温度	烟气流速	工质流速	传热温差	传热
受热面名称	A	θ'	θ''	t'	t''	w_y	w	Δt	
	m^2	℃	℃	℃	℃	m/s	m/s	℃	kW/(
旋风筒	59.3	2076.1	1693.6	318.1	318.1				
捕渣管束	43.4	1693.6	1571.6	318.1	318.1	30.10		280.5	0
方形炉膛(有大屏)	1291.9	1720.2	877.3	260.5	318.1				
大屏过热器	603.0			347.7	482.0				
炉膛内顶棚管过热器	44.4			318.1	321.1				
后墙水冷壁悬吊管(汽水混合物)	40.4	822.3	809.3	318.1	318.1	6.08		497.7	0
高温过热器	1051.2	809.3	688.6	466.0	540.2	7.66	12.55	245.1	0
后竖井前墙悬吊管(水、蒸汽)	109.6	688.6	673.1	321.4	325.1	7.44	4.97	357.5	0
转向烟室	144.4	673.1	652.8			4.90			
低温过热器	783.9	652.8	558.9	329.4	357.6	7.45	10.89	261.0	0
二级省煤器	783.9	558.9	468.9	230.9	260.5	6.74	0.69	267.1	0
二级管式空气预热器	5912.6	468.9	393.6	295.1	400.1	12.11	11.19	73.2	0
一级省煤器	783.9	393.6	345.6	215.0	230.9	5.67	0.66	146.1	0
一级管式空气预热器	12669.9	345.6	146.2	20.0	295.1	9.23	11.20	72.5	0

图 3-15　热力计算结果汇总

此外该软件还具有以下几个方面的功能特点：

1）模型通用性强

软件通过对热力系统对象进行抽象和分析，建立了通用的热力计算模型。该模型解决了锅炉受热面布置的任意性和灵活性问题，满足了设计复杂锅炉热力系统的要求。

2）软件适用范围广

软件主要针对旋风炉，能够计算多种蒸汽再热方式(无再热、一次再热)、多种汽温调节方式(喷水减温、烟气挡板、烟气再循环)、多种受热面形式(光管、膜式管、鳍片管、方形肋片管、圆形肋片管、螺旋鳍片管等)和多种受热面冲刷形式(烟气在管外横向冲刷和纵向冲刷、立式管式空预器、卧式管式空预器等)的旋风炉在各种负荷下的热力计算。

3）计算功能强大

软件可进行锅炉整体热力计算，也可单独进行燃料计算、热平衡计算，还可进行空气预热器和锅炉分开设计的热力计算。所有计算均能输出详细的计算结果说明书。

4）软件使用方便

软件界面友好，操作方便，便于在各种操作系统下安装。软件运行过程中可中断，便于进行炉膛计算调整和整体计算调整。软件留有较多的开放性接口，用户可根据工程经验输入经验系数，更好地完善锅炉的设计。输入数据以 Access

文件保存，输出数据以 Excel 文件保存，文件的“新建”“打开”和“保存”方便。

5）可靠性强、准确性高

软件的计算结果将给出所有受热面（主受热面和附加受热面）详细的热力计算数据。

运行计算软件所需要的软硬件：

硬件要求：Pentium Ⅲ及其以上处理器，64MB 以上内存，2.1GB 以上自由硬盘空间。

操作系统：：Windows 9X/Windows NT 4.0/Windows 2000/Windows XP（32/64）/Windows Server 2003（32/64）/Windows Vista（32/64）/Windows Server 2008（32/64）/Windows 7（32/64）/Windows 10（32/64）。

Microsoft Office 2003 组件：Microsoft Office Excel 2003、Microsoft Office Access 2003。

软件安装包文件和桌面快捷方式图标如图 3-16 所示。

图 3-16　旋风炉热力计算软件的安装

3.5　本章小结

本章针对锅炉热力计算的程序化设计展开研究，首先，通过对锅炉热力系统进行分析，建立了燃料对象、传热部件、分叉与汇合、喷水减温器、烟气挡板、集箱和整个锅炉系统的抽象逻辑模型；其次，以旋风炉热力系统为研究对象，设计了旋风炉热力计算流程，最后，在上述研究的基础上，采用 Visual Basic 6.0 语言开发了旋风炉热力计算软件，软件计算结果能够满足工程应用的需要，极大减少了科研人员和工程设计人员的工作量，提高了工作效率和计算准确性。

4 锅炉热平衡计算方法工程应用案例研究

锅炉的热平衡计算是依据能量平衡的原理，使得输入锅炉热力系统内的热量与系统输出的热量相等，从而确定锅炉燃料消耗量等参数。热平衡计算是锅炉热力计算的基础，它不仅可以应用于锅炉热力计算，还可以用于其他一些涉及系统能量平衡的工程案例。本章研究了锅炉热平衡计算方法在三个不同工程案例中的应用，分别建立了系统能量平衡的计算模型，列出了相应的能量平衡方程，求解并分析了不同因素对解决方案的影响。

4.1 熔炼炉冶炼海砂矿炉内还原过程热平衡分析

4.1.1 问题描述

新西兰某钢铁厂所使用的铁矿石为海砂矿，全部来源于 Waikato 铁矿[67,68]。新西兰地区因其独特的地质构造，盛产富含钒钛磁铁矿的海砂矿，矿石不仅含铁品位较高，而且储量丰富，开采成本较低。以海砂矿为原料，以新西兰本地产的褐煤为还原剂，在熔炼炉中进行炼铁作业。请分析计算熔炼炉出口的煤气温度。

Waikato 海砂矿的成分如表 4-1 所示。其粒度为 0.05~0.25mm，真密度为 3.5~4t/m^3，其堆密度为 2.2~2.5t/m^3。

表 4-1 Waikato 海砂矿的成分

名称	化学成分/%					
	TFe	TiO_2	SiO_2	Al_2O_3	V_2O_5	CaO
数值	59.0	7.8	2.2	3.8	0.55	0.5

直接还原用煤为产自新西兰本地的褐煤，灰分较低，挥发分较高，其工业分析如表 4-2 所示。其粒度≤50mm，100%；<3mm，≤20%。灰分的软化温度为 1100℃。

表 4-2　还原用煤工业分析

名称	组成/%				
	M	V	A	C_{fix}	S
数值	21.0	34.0	4.5	40.5	0.22

熔炼炉生产的铁水及炉渣的典型成分如表 4-3 及表 4-4 所示。

表 4-3　熔炼炉铁水的典型成分

内容	化学成分/%							温度/℃
	C	Si	Mn	P	S	V	Ti	
数值	>3.0	0.25	0.45	<0.06	<0.035	0.49	0.3	~1490

表 4-4　熔化炉炉渣的典型成分

内容	化学成分/%					
	TiO_2	SiO_2	Al_2O_3	CaO	MgO	FeO
数值	35	11~13	19	16	12~13	2~4

该炼铁工艺有以下特点[69-74]：

（1）不使用焦炭，直接使用动力煤，要求灰分含量较低(<7%)；

（2）直接使用海砂矿，没有造球、压块等环节，矿石成本较低；

（3）生产工艺比较成熟，多年的生产实践证明，该工艺在技术上是可行的；

（4）多层炉的使用较好地解决了炉料在回转窑中的预热及结圈等问题，值得进一步深入了解和研究；

（5）对于冶炼全部以钒钛磁铁矿为主的海砂矿，熔化炉的使用起到了重要的作用；

（6）多层炉及回转窑高温烟气的余热均通过废热锅炉发电回收利用，回收的电能占电能消耗的 70%，对降低能耗起到了积极的作用。

海砂矿经过预还原之后的成分如表 4-5 所示。

表 4-5　预还原后海砂矿的成分

名称	化学成分/%							
	TFe	FeO	TiO_2	SiO_2	Al_2O_3	V_2O_5	CaO	S
数值	56.8	20.5	9.5	4.2	1.4	0.55	1.3	0.004

在熔炼炉中熔炼成的铁水组分如表 4-6 所示。

表 4-6　熔炼炉出口的铁水组分

内容	化学成分/%							温度/℃
	C	Si	Mn	P	S	V	Ti	
数值	>3.0	0.25	0.45	<0.06	<0.035	0.49	0.3	~1490

海砂矿中铁的氧化物主要是磁铁矿（Fe_3O_4）和钛磁铁矿（TiO_2嵌在磁铁矿晶粒中间）及少量的赤铁矿（Fe_2O_3）预还原主要有以下化学反应：

$$3Fe_2O_3+C═══2Fe_3O_4+CO\quad -Q$$

$$2Fe_3O_4+2C═══6FeO+2CO\quad -Q$$

$$6FeO+6C═══6Fe+6CO\quad -Q$$

参加还原反应还有 Si、Ti、V、P 等的氧化物。预还原后的成分主要是 FeO 还有少量的金属铁。当煤量为 10t/h 时，海砂矿的流量为 18~20t/h，海砂矿的热容为 1.016kJ/(kg℃)。进入熔炼炉内的煤是经过干馏后的焦炭，温度为 1000℃。煤在旋风预热器中预热时产生的少量水分、挥发分随着废气运行，出旋风预热器后进入原料的干燥筒，温度进一步降低后经除尘器排出，当成二次能源被利用。工艺流程中采用四级旋风预热器，在计算中设定在旋风预热器里不发生还原反应，所有的还原反应都在熔炼炉中发生。这样便于计算。

4.1.2　计算模型和方案

对于熔炼炉内的过程如图 4-1 所示。

入炉原料：

上游产物：海砂矿经过上游 4 级预热预还原得到的产物，其成分包括：各种铁的氧化物、矿渣、白煤灰渣，温度 1000℃。

煤：该工艺生产采用焦作无烟煤，温度 1000℃。煤在该温度下水分和挥发分均已完全析出，剩余成分为焦炭。

空气：空气温度 1100℃，流量未知，在不同的空气流量下产生的煤气成分亦不相同。

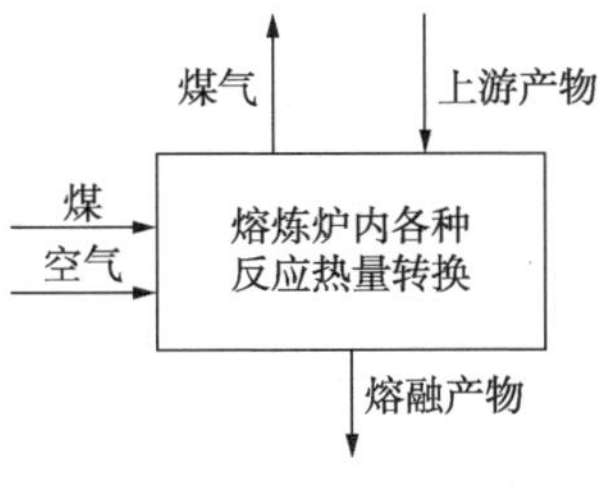

图 4-1　熔炼炉内过程简图

出炉产物：

煤气：煤气成分 CO、CO_2、H_2O、N_2。

熔融产物：铁水(少量)、FeO 熔融物、矿渣、煤灰渣，目标要求顺利液态排渣。

热平衡：

输入热量=输出热量

输入热量=煤物理热+空气物理热+上游产物物理热+炉内反应热

输出热量=煤气物理热+熔融产物物理热+炉体散热量

该计算方案在计算时作出如下假定：

(1) 煤气成分只含 CO、H_2O 和 N_2，即空气中的氧气全部参与炉内反应，且还原铁反应跟炭的燃烧反应只产生 CO。

(2) 根据炉渣各成分的熔点，在一定温度裕量下，选定熔渣温度，以满足工艺液态排渣需求。

在上述假定条件下分别计算当铁水含量占熔渣中铁水/FeO 混合熔融物的质量分数分别为 0%、10%、20%时的物料平衡(根据筒内反应确定空气量和煤气量)和热平衡，求解煤气温度。

4.1.3 求解过程与计算结果

在本研究中，计算了三种方案下的热平衡过程和熔炼炉出口煤气温度。分别为铁水含量占熔渣中 Fe/FeO 混合熔融物的质量分数为 0%(方案一)、10%(方案二)和 20%(方案三)。

在实际生产过程中，由于新西兰本地褐煤的供应问题，还原用煤种改为焦作无烟煤。焦作无烟煤的煤质分析如表 4-7 所示。

表 4-7 焦作无烟煤元素分析和工业分析

元素分析(质量分数)/%，收到基					工业分析(质量分数)/%，收到基				灰熔点/℃		
C	H	O	N	S	M	A	V	FC	DT	ST	FT
65.44	2.91	1.76	1.12	0.64	9.41	18.72	10.05	61.82	1301	1344	1367

在熔炼炉内，根据不同方案中的 Fe 水含量，可认为主要发生以下两个还原反应：

$$2Fe_3O_4+2C \xlongequal{\quad} 6FeO+2CO \quad -Q$$

$$6FeO+6C \xlongequal{\quad} 6Fe+6CO \quad -Q$$

从这两个反应方程式出发，依次计算炉内还原反应产生的 FeO、Fe 的量，煤气组分和产量，以及还原过程中的反应热。主要的计算结果如表 4-8 所示。

表 4-8 煤气组分和熔炼炉内反应热计算

项目	单位	方案一	方案二	方案三
还原反应产生 FeO 量	kg/s	4.06	4.06	4.06
还原反应产生 CO 量	kg/s	0.38	0.57	0.76
固定碳消耗量	kg/s	0.16	0.25	0.33
还原 Fe_3O_4反应热(吸热)	kJ/s	2590	2590	2590
煤中剩余固定碳量	kg/s	1.04	0.96	0.88
剩余固定碳气化产生的 CO 量	kg/s	2.43	2.23	2.04
还原 FeO 反应热(吸热)	kJ/s	0	1138	2214
剩余固定碳气化反应热(放热)	kJ/s	9580	8801	8065
熔炼炉内反应热(放热)	kJ/s	6990	5073	3261
Fe 水流量	kg/s	0	0.39	0.77
FeO 流量	kg/s	4.06	3.55	3.07
矿渣流量	kg/s	1.28	1.28	1.28
煤气流量	Nm^3/s	5.97	5.67	5.38
煤气中 CO 流量	Nm^3/s	2.24	2.24	2.24
煤气中 N_2流量	Nm^3/s	3.65	3.36	3.08
煤气中 H_2O 流量	Nm^3/s	0.07	0.07	0.06

为了计算煤气温度，编制了三种方案下的煤气温焓表，如表 4-9 所示。

表 4-9 煤气温焓表

温度	CO	N_2	H_2O	方案一	方案二	方案三
℃	kJ/Nm^3	kJ/Nm^3	kJ/Nm^3	kJ/s	kJ/s	kJ/s
100	130.14	130.1	150.5	778.60	739.06	701.66
200	261.96	261	304	1564.11	1484.78	1409.75
300	396.09	394	463	2362.88	2243.11	2129.82
400	532.95	529	626	3175.39	3014.56	2862.42
500	672.77	667	795	4005.95	3803.13	3611.27
600	815.61	808	969	4854.62	4608.88	4376.43
700	961.41	952	1149	5721.33	5431.76	5157.84
800	1109.96	1098	1334	6601.90	6267.87	5951.89
900	1260.99	1247	1526	7499.52	7120.08	6761.16

续表

温度	CO	N_2	H_2O	方案一	方案二	方案三
℃	kJ/Nm³	kJ/Nm³	kJ/Nm³	kJ/s	kJ/s	kJ/s
1000	1414. 14	1398	1723	8409. 57	7984. 12	7581. 66
1100	1569. 03	1551	1925	9331. 20	8859. 10	8412. 53
1200	1725. 25	1705	2131	10259. 77	9740. 71	9116. 79
1300	1882. 38	1853	2344	11168. 98	10604. 69	10070. 91
1400	2040. 05	2009	2559	12108. 77	11496. 88	10918. 06
1500	2197. 93	2166	2779	13053. 07	12393. 23	11769. 07
1600	2355. 79	2324	3002	14001. 19	13293. 10	12623. 29
1700	2513. 47	2484	3229	14956. 51	14199. 55	13483. 51
1800	2670. 96	2664	3458	15984. 62	15172. 83	14404. 93
1900	2828. 4	2804	3690	16866. 71	16011. 96	15203. 42
2000	2986. 09	2965	3926	17826. 37	16922. 40	16067. 29

根据热平衡原则，输入热量等于输出热量，分别列出熔炼炉内的输入热量项和输出热量项，其中熔炼炉对外散热按经验取输入热量的2%，计算三种方案下的煤气温度如表4-10所示。由表可见，三种方案下的煤气温度分别为1350℃、1164℃、970℃。随着Fe/FeO混合熔融物中Fe水量的增加，即炉内还原程度愈加深入，还原反应过程吸热量增大，煤气温度逐渐降低。在生产过程中，要提高煤气温度，则需要增加O_2的量或者提高还原煤的量。

表4-10　熔炼炉热平衡计算

项目	单位	方案一	方案二	方案三
送入热空气物理热	kJ/s	7344	6747	6182
焦作无烟煤入炉物理热	kJ/s	2294	2294	2294
入炉海沙矿物理热	kJ/s	4673	4673	4673
排出熔渣物理热	kJ/s	9237	8987	8751
熔炼炉内反应热	kJ/s	6990	5073	3261
炉体输入热量	kJ/s	21301	18788	16411
炉体散热	kJ/s	426	376	328
煤气物理热	kJ/s	11638	9425	7332
煤气温度	℃	1350	1164	970

4.2 垃圾气化熔融工艺生料组分适应性热力分析

4.2.1 垃圾气化熔融工艺

随着我国国民经济的高速健康发展和城市化进程持续有力的推进，城市垃圾(MSW)总量与日俱增。近几年，我国的城市垃圾产生量平均以每年8%~9%的速度增长，城市人均年生活垃圾产生量约为450~500kg[75-88]。如此迅速的垃圾增长量，使得垃圾废弃物的处理问题变得更加困难，垃圾的不断堆积也逐渐地引发了人们的关注。

现有MSW的处理方法主要有填埋法、堆肥法和焚烧法[83,89-94]。填埋法处理操作简单、成本低，但占地面积广且容易产生垃圾渗滤液污染土壤和地下水；堆肥法主要针对MSW中高含水的有机物质，即俗称的“湿垃圾”，需要辅以严格的垃圾分类市政措施来最大化地发挥堆肥效益，而对其他组分难以处理；焚烧法能够极大地减小MSW的体积，同时实现废转能的资源化利用，是一种合理高效的MSW处理方法，然而焚烧时会生成二噁英以及重金属会在飞灰中富集，需要烟气净化与飞灰的二次无害化处理。我国的MSW焚烧处理以炉排炉和流化床锅炉为主，焚烧后收集的飞灰再专门进行熔融无害化处理，飞灰的处理过程一般需要额外消耗大量的燃气，增加了MSW焚烧处理的成本[88,95-113]。

为了满足日益严苛的环保标准，进一步提高能源利用效率，近年来兴起了一种MSW气化熔融处理技术，在日本、德国等发达国家蓬勃发展[75,103,109,114-126]。如图4-2所示的MSW气化熔融处理系统[104,123,127,128]，MSW先在热解炉中热解，产生热解气和热解焦，热解气在燃烧器中燃烧产生高温烟气为热解炉供热，热解焦经金属分离、研磨破碎后送入旋风熔融炉中高温燃烧并液态排渣，燃烧后的烟气与热解气燃烧产生的烟气一起送入余热锅炉中进行热量回收，产生标准化的能源产品蒸汽/电，离开余热锅炉的烟气经烟气净化后由烟囱排出到大气中。旋风熔融炉中的高温和强混合条件能够高效分解燃烧产生的二噁英，极大减小了烟气中二噁英的含量[129-132]；排出的液态熔渣冷却后形成玻璃态物质，能够将重金属有效固化在其中，使得灰渣的重金属浸出率很低，可作为基建用料资源化回收，减少了额外燃气的消耗。因此，MSW气化熔融工艺已逐渐成为城市固体废弃物清洁高效处理的发展方向和研究热点。生活垃圾如何无害化处理是我国目前面临的难题，近年来我国政府大力推进和发展新能源和可再生能源，鼓励资源综合利用，支持垃圾焚烧发电项目建设，垃圾焚烧处理在我国呈现出迅猛增产的势头。

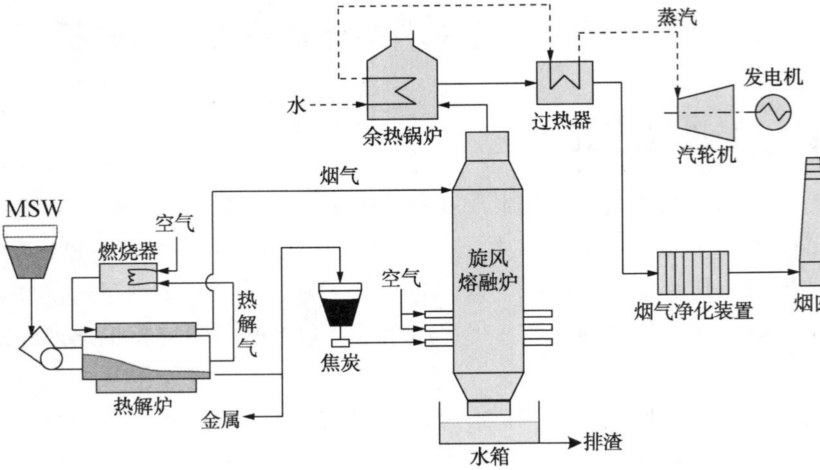

图 4-2　MSW 气化熔融工艺流程图

2017 年，恩菲试验基地[133]进行了一个飞灰熔融的验证试验，试验结果肯定了该方法的合理性。中国恩菲于 2018 年建设了一条飞灰熔融的中试规模生产示范线，并于 2019 年正式运行。飞灰熔融技术不仅可以降低尾气排放，还可以分离氯盐和玻璃熔渣，对高浓度二次污染物实现资源化利用。

Tomas M 等[134]对西门子公司的气化熔融技术进行了研究，该公司的工艺是在 500℃ 的外热式回转窑中对生活垃圾进行热解气化过程，对回转窑中的残留物进行金属回收，剩余残留物和合成气一起进行熔融燃烧，熔融炉的残渣作为建筑材料使用，炉膛出口的高温烟气也可回热利用。西门子公司的气化熔融工艺的灰渣回收率达到 96%，发电效率达到 25%。

Miyoshi Fumihiro[135]对瑞士的热选工艺做出了探究，这项工艺先用液压机对垃圾进行初步压缩，垃圾压缩完成后再送入热解通道进行气化处理，热解以后的合成气和灰渣与氧气在 2000℃ 的高温反应器内反应，可熔融无机物、减少大气污染物生成。该工艺凭借对灰渣的有效处理，因而在发达国家获得了广泛的使用。

加拿大 Plasco 等离子气化技术[136]是在利用燃气轮机发电的基础上研发的，采用等离子气化技术。处理过程中的双级热解是核心技术，垃圾本身的热值能够作为第一级热解的热量，第二级利用等离子电弧加热重整合成气，同时利用等离子体玻璃化废渣。

德国 Bellwether 公司等离子气化技术采用了气化熔融+等离子重整工艺（IMG）[80]，包含了进料、干燥、气化和灰渣玻璃化四个工艺流程，将垃圾生料在气化炉内进行干燥，并在高温缺氧条件发生气化，同时熔渣玻璃化，之后用等离子电弧对合成气进行处理，含有焦油燃气被分解，合成气完成初步提纯，再次净化后变为清洁燃气用于生产生活。

MSW 气化熔融工艺以其优异的处理效果在国外快速发展。在已有的气化技术和灰渣熔融技术的基础上，气化熔融工艺博取众家之长，最大限度减少了有害物质的产生，对垃圾完成了高效的能量转化，符合国家的战略发展目标。在对垃圾进行气化熔融处理时，垃圾热值是很重要的一个影响因素，处理垃圾的难易程度与垃圾热值成正比。如果有机组分过低，就会加大垃圾气化熔融处理的难度，进而影响该工艺的可行性。因此对 MSW 气化熔融工艺中燃料组分的适应性研究十分重要。

4.2.2 计算原理及公式

在求解各项参数对熔融温度的影响时，首先要考虑的问题是在一定的限制情况下垃圾能否在炉内完成气化和熔融这两个工艺过程，特别是1300℃的熔融条件可否达到[126,137-140]。我们以熔融工艺的条件为约束，可以求解出满足气化熔融工艺条件的垃圾临界热值。在 MSW 气化熔融工艺中，垃圾中的有机组分反应分为两级：第一级是垃圾首先被送入热解/气化炉，并在过量空气系数小于 1 的环境中进行气化产生可燃气体，然后飞灰和底渣被送入熔融炉与空气混合进行熔融处理，在这个过程中二噁英被彻底分解，重金属等物质也被固化到玻璃化熔渣中。

因为实际操作时气化炉和熔融炉存在多种炉型，不同炉型下具体的过程不同，为了简化这个过程，将整个系统看作一个整体来进行分析。根据能量守恒定律建立热平衡方程：

$$Q_k + Q_M + LHV = Q_{ub} + Q_s + Q_g \tag{4-1}$$

式中 Q_k——空气物理热，kJ/kg；

Q_M——垃圾物理热，kJ/kg；

LHV——垃圾低位热值，kJ/kg；

Q_{ub}——不完全燃烧损失，kJ/kg；

Q_s——散热损失，kJ/kg；

Q_g——出口烟气焓，kJ/kg。

空气物理热按下式计算：

$$Q_k = C_a \alpha V^0 t_0 \tag{4-2}$$

式中 C_a——空气比热容，kJ/(kg·℃)；

t_0——环境温度，℃。

垃圾物理热为：

$$Q_{M} = C_{M}t_{0} \tag{4-3}$$

式中　C_M——垃圾比热容，kJ/(kg·℃)。按式(4-4)计算：

$$C_{M} = [M_{ar} + 0.25(1 - M_{ar})] \times 4.19 \tag{4-4}$$

垃圾的低位热值为：

$$LHV = 4.178 \times [81C_{ar} + 300H_{ar} - 26(O_{ar} - S_{ar}) - 6M_{ar}] \tag{4-5}$$

不完全热损失按输入热量的2%计算，整个系统的热损失按输入热量的4%计算。烟气的焓可根据燃料的元素分析和过量空气系数编制温焓表按线性插值法查取。求解式(4-1)即可求得在进行气化熔融处理时垃圾的临界热值。当改变其中某一条件时，对应的垃圾临界热值也发生变化，进而可得出变量对适用于气化熔融工艺处理的垃圾临界热值的影响规律。

4.2.3　基本工况计算结果及分析

本节选取我国具有代表性的城市北京的垃圾进行研究分析，生活垃圾组分如表4-11所示。

表4-11　北京城市垃圾元素分析

名称	符号	单位	数值
收到基碳	C_{ar}	%	12.27
收到基氢	H_{ar}	%	1.75
收到基氧	O_{ar}	%	7.43
收到基氮	N_{ar}	%	0.4
收到基硫	S_{ar}	%	0.09
收到基灰分	A_{ar}	%	26.50
收到基水分	M_{ar}	%	51.56
低位发热量	$Q_{net.ar}$	kJ/kg	4256

已知燃料特性，根据垃圾的元素分析计算出编制烟气焓温表所需的燃烧计算表，燃烧计算表包括理论空气量、RO_2容积、N_2理论容积、H_2O理论容积和飞灰份额。

由计算原理所列公式和给定条件，结合烟气焓温表可以得到基本工况计算结果，如表4-12所示。

表 4-12 基本工况主要计算结果

项目名称	符号	单位	计算公式	结果
过量空气系数	α	—	取定	1.2
空气物理热	Q_k	kJ/kg	$C_k\alpha V^0 t_0$	44.02
垃圾物理热	Q_M	kJ/kg	$C_M t_0$	53.36
低位发热量	LHV	kJ/kg	$LHV=Q_{net.ar}$	4256
总输入热量	Q_{in}	kJ/kg	Q_k+Q_M+LHV	4353.38
燃烧不完全损失	Q_{ub}	kJ/kg	取 2%	87.07
散热损失	Q_s	kJ/kg	取 4%	174.14
烟气温度	θ_y	℃	—	1300
烟气焓	Q_g	kJ/kg	查焓温表	4610.36
飞灰焓	I_{fh}	kJ/kg	$17\%A_{ar}C_{fh}t_y$	4.87
熔融温度	t_r	℃	取定	1300
熔融灰渣热量	Q_{rr}	kJ/kg	$68\%A_{ar}C_{fh}t_r$	19.48
气化温度	t_q	℃	取定	800
气化灰渣热量	Q_{qh}	kJ/kg	$15\%A_{ar}C_{fh}t_q$	2.42
总输出热量	Q_{out}	kJ/kg	$Q_{ub}+Q_s+Q_g+I_{fh}+Q_{rr}+Q_{qh}$	4898.34
热量差	ΔQ	kJ/kg	$Q_{in}-Q_{out}$	-544.96

由计算结果可以看出，在给定条件下系统的输入热量小于输出热量，热量差为-544.96kJ/kg，说明在上述条件下系统的输入热量不足，即提供的热量无法使得熔融炉炉温达到1300℃，炉温无法达到灰渣熔融所需温度，使得气化熔融工艺不能顺利进行。换而言之，要采用气化熔融工艺处理，需要提高生活垃圾的热值，对垃圾生料进行预干燥处理。在实际生产过程中，面对不同地区存在差异性的垃圾时，能够通过合理的前置预处理工艺来确保熔融炉的炉温超过灰熔点，使灰渣在熔融炉内完成熔融过程。

4.2.4 垃圾灰分熔融温度对垃圾临界热值的影响

由式(4-1)可知，如果垃圾灰分的熔融温度提高，那么适用于气化熔融处理工艺的垃圾临界热值将会因为烟气热量 Q_g 的增加而增加。在烟气热量中，烟气焓、熔渣焓和飞灰焓都会因为熔融温度的提高而增加。垃圾灰分熔融温度对临界热值的影响趋势如图 4-3 所示。

由图 4-3 可见，随着垃圾灰分熔融温度的提高，临界热值相应升高。在不添加辅助燃料的情况下，需要提供更多的热量。因为要维持垃圾稳定燃烧并保证灰渣在熔融炉内彻底反应所需求的发热量提高了。当熔融温度在 1100℃时，临界热值只有 4096kJ/kg。但随着熔融温度的提升，当熔融温度达到 1350℃时，临界热值已经随之提高到了 5103kJ/kg。由于垃圾灰渣的熔融温度一般在 1300℃以上，所以如果我们需要顺利完成垃圾的气化熔融工艺处理，则需要补足熔融温度为 1300℃时所需求的热量，或增加辅助燃料供热，或改变垃圾预处理工艺，提高低位发热量到 4898kJ/kg 以上。

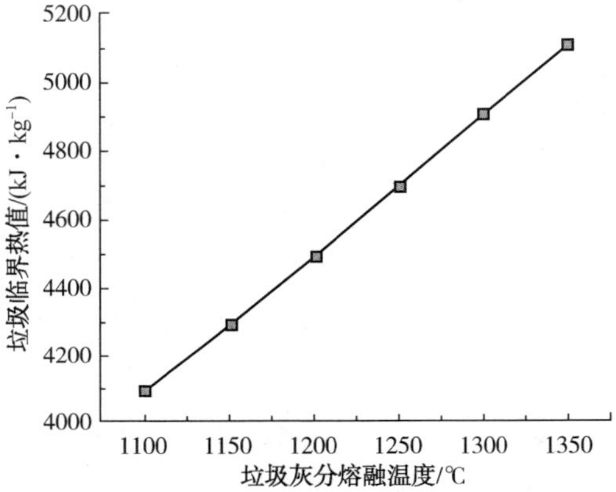

图 4-3　垃圾灰分熔融温度对临界热值的影响

4.2.5　过量空气系数对垃圾临界热值的影响

本节研究了不同过量空气系数下的临界热值变化情况，结果如图 4-4 所示。

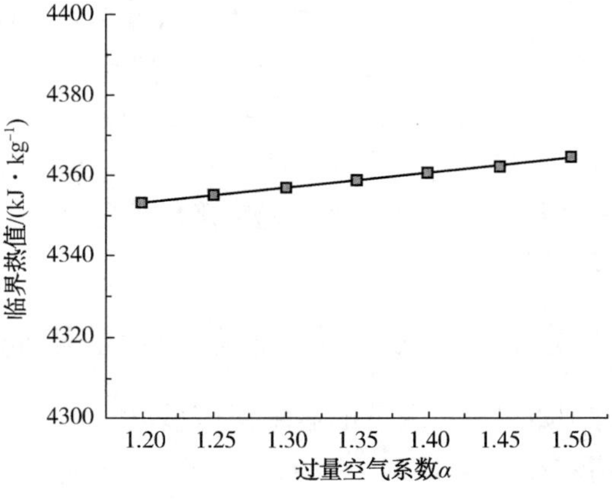

图 4-4　过量空气系数对临界热值的影响

随着过量空气系数 α 的提高，炉内空气量增加，空气温度升高时所需的热量增加，炉内的理论燃烧温度和实际燃烧温度均降低。由图可见，随着过量空气系数的增大，垃圾的临界热值也增大，但整体影响程度较小。较低的过量空气系数代表着较低的临界发热量，也就是说保持一个低过量空气系数有利于提高熔融炉炉膛温度，但在实际生产操作过程中，为了保证生活垃圾能够在熔融炉进行充分燃烧，就必须保证熔融炉内有充足的空气来支持垃圾完成燃烧过程。因此，选择合适的过量空气系数对 MSW 气化熔融工艺的实施至关重要。

4.2.6 燃料组分对垃圾灰分临界熔融温度的影响

垃圾的组分直接影响垃圾自身的热值。本节在不改变其他元素含量的条件下，同时保持燃料中灰分和水分的总含量不变，调整灰分和水分所占据的比例，来研究对应条件下的临界熔融温度，进而为实际生活生产操作提供指导和借鉴。灰分和水分含量改变时对临界熔融温度的影响如表 4-13 所示。

表 4-13 不同灰水比下临界熔融温度的计算结果

灰分含量 A_{ar}/%	水分含量 M_{ar}/%	灰水比 A_{ar}/M_{ar}	临界熔融温度/℃
23	55.06	0.42	1124.3
25	53.06	0.47	1147.4
26.5	51.56	0.51	1164.8
28	50.06	0.56	1182.7
30	48.06	0.62	1206.6
32	46.06	0.69	1230.9
34	44.06	0.77	1255.5

灰分和水分含量变化对垃圾灰分临界熔融温度的影响趋势见图 4-5。在保持其他成分不变时，随着灰水比的提高垃圾灰分临界熔融温度升高。当灰分含量从 23%提高到 34%时，飞灰临界熔融温度也从 1124.3℃ 提高到 1255.5℃，即垃圾中灰分含量越高，则需要更多的热量来使得飞灰熔融。灰分含量和水分含量在同等条件下，灰分含量对气化熔融工艺的可行性影响程度更大。

4.2.7 高效低污染掺烧城市垃圾的旋风熔融炉燃烧系统

前述的先进 MSW 气化熔融工艺具有诸多优点，然而该技术工艺系统复杂、所需设备较多，如需要专用的气化气燃烧器、垃圾干燥器、热解炉或者气化炉、熔融炉以及余热锅炉等，生产运行工序繁多，投资花费较大。此外，该处理系统受垃圾的燃料特性及处理负荷的影响较大，当垃圾所含水分过高或热值过低时，

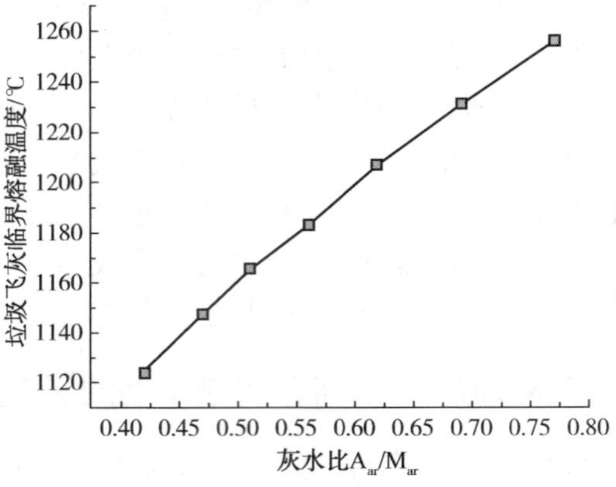

图 4-5 灰水比对垃圾灰分临界熔融温度的影响

或者处理负荷(单位时间的垃圾处理量)波动较大时，处理系统的运行调节及可持续运行将会面临较大问题。

旋风熔融炉是一种采用旋风燃烧方式的锅炉，旋风燃烧方式是一种人为组织的稳定而可控的高速旋转火焰流燃烧，空气带动燃料颗粒在具有圆形横截面的旋风熔融炉中高强度、高温燃烧[124,141,142]。旋风熔融炉由敷设有耐火衬里的圆筒状销钉水冷壁构成，燃料燃烧后的灰分在高温下熔融成液态并被旋转火焰流分甩到筒壁上流出，形成液态排渣。

鉴于以上垃圾气化熔融处理技术的缺点以及旋风熔融炉的特点，本研究提出了一种高效低污染掺烧城市固废的旋风熔融炉燃烧系统，该系统通过干燥、水分分离及与煤混烧，克服了不可回收的城市固废因水分高、热值低而难以着火、燃烧、燃尽的问题，并且有效利用了旋风熔融炉高温燃烧和液态排渣的优势，减少了城市固废燃烧时大气污染物二噁英的排放，同时实现了对城市固废燃烧后灰、渣的无害化处理，无需其他的灰、渣二次处理设施，还对垃圾中的部分重金属资源进行了合理回收。

该燃烧系统如图 4-6 所示，卧式旋风熔融炉 1 后连接有主炉膛 5，煤颗粒和垃圾颗粒在卧式旋风熔融炉 1 内高温旋风燃烧后产生的烟气进入主炉膛 5 中，煤、城市固废中的灰分和返烧的飞灰在高温下熔融成液态并被离心甩到卧式旋风熔融炉 1 的筒壁上，液态渣从卧式旋风熔融炉 1 的底部流向主炉膛 5 的炉底，并从炉底排渣口 6 流入排渣水池 8 完成排渣过程。在整体配风时控制卧式旋风熔融炉 1 在还原性气氛下运行以减少污染物排放，即卧式旋风熔融炉 1 内的过量空气系数 α(相对于煤和城市固废的总体而言)小于 1，当燃尽风从燃尽风(OFA)喷口 7 送入主炉膛 5 之后，过量空气系数 α 大于 1 以用于燃料燃尽。卧式旋风熔融炉 1 具有较高的捕渣率，可达 80%左右，即 80%的灰分以液态渣的形式排出炉外，剩余20%的灰分以飞灰的形式进入到烟气中随之流动。携带飞灰的烟气在主炉膛5中辐射放热后流过其后的若干级对流受热面9并放热给其内工质，然后烟气流过空气预热器10加热冷风，随后烟气再依次流经除尘器18、烟气净化器20进行除尘、净化后从烟囱21排放到大气中。

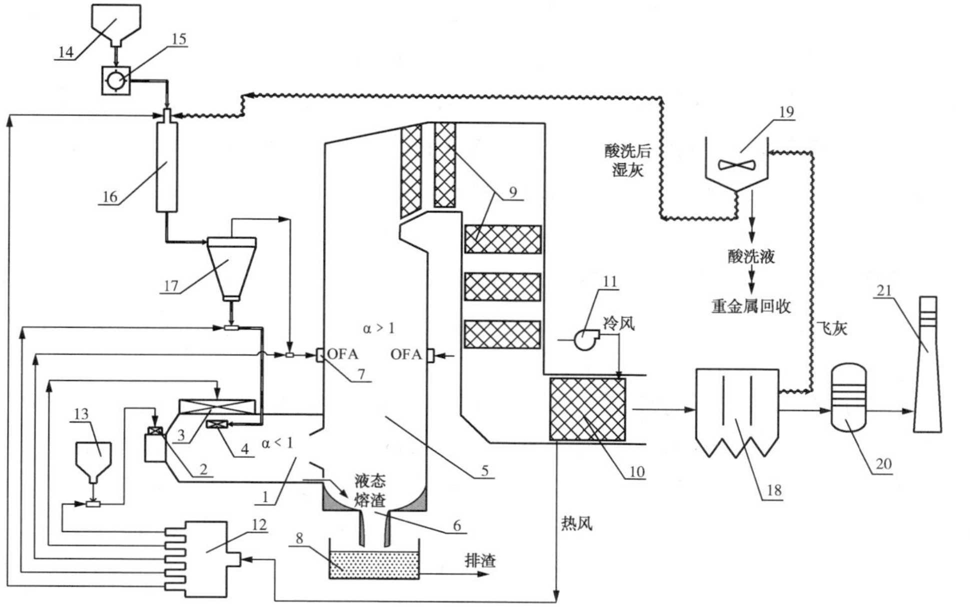

图4-6　高效低污染掺烧城市垃圾的旋风熔融炉燃烧系统

1—卧式旋风熔融炉；2——一次风口；3—二次风口；4—城市固废掺烧口；5—主炉膛；6—炉底排渣口；7—燃尽风(OFA)喷口；8—排渣水池；9—对流受热面；10—空气预热器；11—送风机；12—分配风箱；13—煤粒仓；14—城市固废储仓；15—破碎机；16—干燥管；17—旋风分离器；18—除尘器；19—酸洗池；20—烟气净化器；21—烟囱

冷风经由送风机11鼓入空气预热器10中被加热为热风，之后通入分配风箱12分为五股热风，每股热风按图示的分配风箱12由上至下编号。城市固废(垃圾)储仓14中的城市固废经破碎机15破碎成粒后与来自酸洗池19的酸洗后湿灰一起送入干燥管16中，同时通入干燥管16中的还有用于干燥的第五股热风，城市固废和酸洗后湿灰在干燥管16中被干燥，干燥出的水分进入热风中。第五股热风携带干燥后的城市固废颗粒和酸洗后湿灰(已干燥成干灰)离开干燥管16，随后送入到旋风分离器17中进行气固分离，使得含有干燥出的水分的热风与城市固废颗粒和酸洗后湿灰颗粒分离，即水分分离。此处为了确保较高的气固分离效率，也可能需要多级旋风分离器17串联使用(具体视情况而定)，技术方案示意图中为了表达方便只画了单级旋风分离器17。

旋风分离器17分离出的城市固废颗粒和干灰颗粒在第四股热风的携带下经由

卧式旋风熔融炉 1 上的城市固废掺烧口 4 送入其中与煤掺烧，城市固废颗粒开始着火燃烧而干灰颗粒则重新被熔融，产生的液态渣由炉底排渣口 6 排出。城市固废掺烧口 4 位于卧式旋风熔融炉 1 的二次风口 3 下方，二次风(即第二股热风)从二次风口 3 切向进入卧式旋风熔融炉 1 中，而城市固废颗粒和干灰颗粒在第四股热风的携带下由城市固废掺烧口 4 割向进入卧式旋风熔融炉 1 中，这样能够在卧式旋风熔融炉 1 内组织起优良的空气动力场并有利于城市固废颗粒的着火与燃烧。经过干燥和水分分离后的城市固废热值提高，其着火燃烧特性得以改善，并且提高了卧式旋风熔融炉 1 内的燃烧温度。在还原性气氛条件下高温燃烧有助于降低污染物 NO_x 的排放，同时高温使得城市固废燃烧产生的二噁英分解，极大地减少了大气污染物二噁英的排放。此外，在高温燃烧条件下灰渣熔融成液态渣，灰渣中容易浸出的重金属挥发至烟气中，随着烟气温度的降低，这些挥发的重金属最终凝析在烟气中的飞灰上，含重金属的飞灰最后由除尘器 18 捕捉分离；而从炉底排渣口 6 排出的液态渣中各组分成分稳定，不易浸出，实现了无害化处理。

从旋风分离器 17 离开的气体相与第三股热风汇合后作为燃尽风从燃尽风(OFA)喷口 7 进入主炉膛 5 中用于未燃尽燃料的燃尽。可根据城市固废的燃料特性和燃烧要求方便调整用于干燥的第五股热风和第三股热风的比例，提高了该燃烧系统的可调节性和掺烧燃料的适用性。煤粒仓 13 中的碎煤粒在第一股热风的携带下由一次风口 2 送入卧式旋风熔融炉 1 中着火、燃烧。把除尘器 18 捕获的含重金属的飞灰送入酸洗池 19 中进行酸洗脱除重金属，酸洗后湿灰返送至干燥管 16 中，干燥后的飞灰进入卧式旋风熔融炉 1 中重新进行熔融无害化处理，而溶解有重金属的酸洗液则送入化学沉淀池中进行重金属资源的回收。

4.2.8 集成化内外共热套筒式螺旋垃圾干燥器

干燥器是一种重要的工业设备，在食品加工、制药、化工、能源等许多行业都有广泛的应用。螺旋干燥器是一种非接触式的常用干燥器，一般由带有螺旋叶片的旋转轴和外套筒组成，物料在螺旋叶片的旋转推动下一边被加热干燥，一边被输送转移。螺旋干燥器的加热源一般有高温蒸汽、热烟气、热风、热水、导热油或电热丝。

现有的螺旋干燥器主要分为以下几类：

(1) 外热型。热源只通入带有夹层的外套筒对垃圾进行加热，实心主轴和主轴上分布的螺旋叶片只对垃圾进行输运和搅拌。这种形式的螺旋干燥器干燥慢，干燥效果也不均匀，往往外侧干燥效果较好而内侧较差。

(2) 内热型。热源只通入空心的旋转轴中或带有空腔的螺旋叶片中，从内部对垃圾进行干燥，而外套筒没有干燥作用。同样地，这种形式干燥效果一般也不均匀，内侧较好而外侧较差。此外，将热源送入到旋转中的主轴或空腔螺旋叶片中时，涉及旋转机械，在热源输送管道和旋转机械的连接处一般都是采用旋转接头连接，旋转接头结构复杂且对密封有极高的要求，增加了设备成本，且不利于装置的集成化。

（3）内外共热型。热源同时流过外套筒夹层和空心旋转轴，从内、外部同时对垃圾进行干燥，干燥快且均匀。现有的内外共热型螺旋干燥器，其外套筒夹层和空心旋转轴均有各自独立的进出口与热源管道相连接，管道布置复杂，且在空心旋转轴的进出口连接处都采用旋转接头，增加了设备成本，不利于装置的集成化。

鉴于此，本书提出了一种集成化内外共热套筒式螺旋垃圾干燥器，该装置通过设置新型的加热源流通通道，使得热源依次流过长筒主轴、外套筒及两侧隔板进行加热，形成对垃圾的全面包裹，增大了加热面积，增强了干燥装置的干燥效果，同时取消了热源通入主轴所用的旋转接头，提高了整个装置的集成化程度。

该生活垃圾干燥器的示意图如图4-7所示，集成化内外共热套筒式螺旋干燥器主要包括以下部件和连接关系。

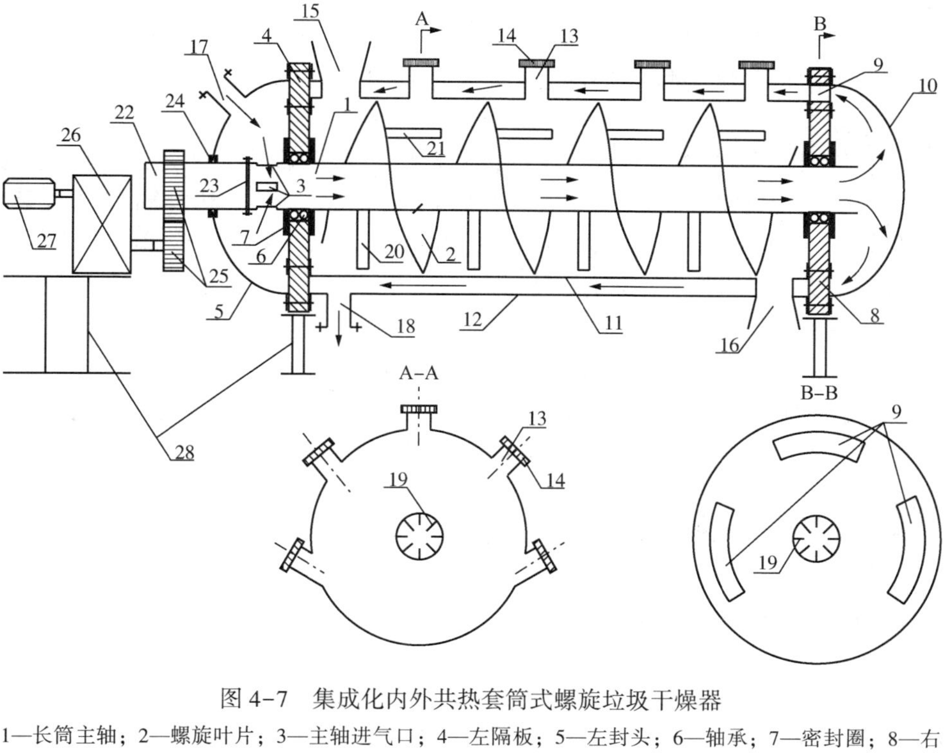

图4-7　集成化内外共热套筒式螺旋垃圾干燥器

1—长筒主轴；2—螺旋叶片；3—主轴进气口；4—左隔板；5—左封头；6—轴承；7—密封圈；8—右隔板；9—环状气孔；10—右封头；11—外套筒内层；12—外套筒外层；13—水气透孔；14—滤网；15—进料口；16—出料口；17—加热源入口；18—加热源出口；19—长筒主轴内肋片；20—竖搅拌片；21—横搅拌片；22—传动轴；23—封口式连接法兰；24—传动轴孔；25—传动齿轮；26—减速器；27—电机；28—支座

（1）左端封口、右端开口的长筒主轴 1，长筒主轴 1 通过轴承 6 架在左隔板 4 和右隔板 8 上，轴承 6 两侧均安装有密封圈 7，长筒主轴 1 伸出左隔板 4 的筒身上沿周向开设有一圈主轴进气口 3，长筒主轴 1 左端焊接有封口式连接法兰 23 来封闭端口，长筒主轴 1 筒内侧焊接有一圈长条形的长筒主轴内肋片 19，筒身上布置有一定长度、高度和螺距的螺旋叶片 2，螺旋叶片 2 上设有横搅拌片 21，长筒主轴 1 筒身上与螺旋叶片 2 交错的部位设有竖搅拌片 20。

（2）左隔板 4 与左封头 5 形成左侧封闭腔，左封头 5 上开设有加热源入口 17 和传动轴孔 24，右隔板 8 与右封头 10 形成右侧封闭腔，长筒主轴 1 右边开口端伸在右侧封闭腔内，在右隔板 8 上开设有若干与外套筒环形夹层相配的环状气孔 9，环状气孔 9 如截面 B 所示。

（3）外套筒内层 11 和外套筒外层 12 套在长筒主轴 1 上并固定在左隔板 4 和右隔板 8 上，外套筒内层 11 和外套筒外层 12 形成的环形夹层通过右隔板 8 上的环状气孔 9 与右侧封闭腔相连通，环形夹层在左隔板 4 处封口，外套筒外层 12 在靠近左隔板 4 处开设有加热源出口 18。

（4）外套筒内层 11 和外套筒外层 12 上开设有进料口 15 和出料口 16，沿外套筒周向还排布有若干水气透孔 13，水气透孔 13 上均罩有滤网 14，周向排布如截面 A 所示。

（5）传动轴 22 穿过左封头 5 上的传动轴孔 24 与长筒主轴 1 通过封口式连接法兰 23 同轴连接，在传动轴孔 24 的两侧亦安装有密封圈 7，传动轴 22 上安装有传动齿轮 25，电机 27 经减速器 26 减速后由传动齿轮 25 将动力传递给传动轴 22。

（6）为进一步增强干燥器的干燥效果，在左封头 5、右封头 10 和外套筒外层 12 表面包裹有保温层，所有部件的固定可为焊接或螺栓连接，整个装置以左隔板 4 和右隔板 8 为支撑固定在支座 28 上，电机 27 和减速器 26 亦固定在支座 28 上。

（7）加热源如热烟气从加热源入口 17 先进入到左侧封闭腔内，经长筒主轴 1 筒身上的一圈主轴进气口 3 流入长筒主轴 1 内，之后沿轴向前进并从长筒主轴 1 的右端开口进入右侧封闭腔，之后热烟气碰到右封头 10 后转弯，流经环状气孔 9 后进入环形夹层，沿环形夹层流动后从加热源出口 18 流出；加热源在通道内流动时依次加热左隔板 4、长筒主轴 1、右隔板 8 及外套筒内层 11，对待干燥物料形成全面包裹，增大了加热面积，增强了干燥器的干燥效果，待干燥物料从进料口 15 进入干燥器中，在旋转的螺旋叶片 2 的推动下一边被输送，一边被加热干燥，干燥出的水分由水气透孔 13 排出干燥器，物料在干燥器中输送时不断被横搅拌片 21 和竖搅拌片 20 搅拌，物料干燥完成后由出料口 16 送出。

该生活垃圾干燥器的创新点在于：

（1）该装置采用左端封口、右端开口的长筒主轴，长筒主轴通过轴承架在左、右隔板上，长筒主轴伸出左隔板的筒身上沿周向开设有一圈主轴进气口，左端焊接有封口式连接法兰来封闭端口并与传动轴相连，长筒主轴筒内侧焊接有一圈长条形的长筒主轴内肋片，筒身上布置有一定长度、高度和螺距的螺旋叶片，螺旋叶片上设有横搅拌片，筒身上与螺旋叶片交错的部位设有竖搅拌片。

(2) 左隔板与左封头形成左侧封闭腔，左封头上开设有加热源入口和传动轴孔，右隔板与右封头形成右侧封闭腔，长筒主轴右边开口端伸在右侧封闭腔内，在右隔板上开设有若干与外套筒环形夹层相配的环状气孔。

(3) 外套筒内层和外层套在长筒主轴上并固定在左、右隔板上，外套筒内层和外层形成的环形夹层通过右隔板上的环状气孔与右侧封闭腔相连通，环形夹层在左隔板处封口，外套筒外层在靠近左隔板处开设有加热源出口，外套筒内、外层上开设有进料口、出料口和若干周向排布的水气透孔。

该生活垃圾干燥器的优势在于：

(1) 长筒主轴、外套筒及两侧隔板均有加热源供热，对待干燥物料形成全面包裹，增大了加热面积，增强了干燥器的干燥效果。

(2) 设计了新型的加热源流通通道，一方面能够使得热源依次流过长筒主轴、外套筒及两侧隔板进行加热，简化了热源流通管道及进出口的布置，另一方面能够取消热源通入主轴时在机械装备上对旋转接头的依赖。

(3) 提高了整个装置的集成化程度。

在本节的研究中，针对 MSW 气化熔融工艺对垃圾适用性的要求，研究了垃圾灰分熔融温度、过量空气系数和燃料组分对垃圾临界热值和临界熔融温度的影响。研究结果表明，随着灰分熔融温度的提高，临界热值也相应提高，在不添加辅助燃料的情况下，需要提供更多的热量。随着过量空气系数的增加，临界热值缓慢提高，即过量空气系数对垃圾临界热值的影响程度较小。较低的过量空气系数代表着较低的临界热值，也就是保持一个低过量空气系数有利于我们提高熔融炉炉膛温度，因此选择合适的过量空气系数成为提高炉温的一个有效手段。随着灰水比的提高垃圾灰分临界熔融温度升高，垃圾中灰分含量越高，则需要更多的热量来使得飞灰熔融。在实际生产过程中，我们应该灵活地调整垃圾燃料特性和运行参数，使之适应气化熔融工艺。

4.3 设备内燃法热处理工艺分析

4.3.1 工程背景

某工厂有反应器顶封头，根据设计要求需消除设备应力，稳定设备几何尺寸，进而提高设备使用寿命。工程上需采用内燃法进行整体燃油热处理。内燃法热处理[143-157]是以设备壳体为炉膛，壳体外部用保温材料进行绝热保温，通过喷嘴将燃料油喷入壳体内并雾化燃烧，随着燃油不断燃烧产生的高温气流在壳体内壁对流传导和火焰热辐射作用，使壳体逐渐升温，从而达到热处理的目的。

根据现场现有条件及预制要求，该设备组对焊接成型后整体进行热处理，热处理采用卧式内部燃油法整体热处理。首先硬化地面确保地面平整或用钢板铺设地面，预制 9 个支座，根据封头尺寸摆放支座，用钢板把支座平面连接，下面支座用槽钢连接。支座之间用钢板封堵，支座、钢板上面需要焊保温钉用于保温，使支座内部和壳体形成密闭空间。支座钢板封堵完成后内部铺设保温棉。安装燃烧器和油管，燃烧器火焰喷射位置要低于封头位置，防止火焰直接喷在工件上造成局部过热，之后再进行壳体整体保温。

热处理设备采用 9 台小型燃烧器组合燃烧，燃烧器以 0#轻柴油为燃料，外部用保温材料进行绝热保温，通过鼓风机送风和喷嘴将燃料油喷入并雾化，由电子点火器点燃，随着燃油不断燃烧产生的高温气流在壳体内壁对流传热和火焰热辐射传热，使壳体达到热处理所需温度。顶封头热处理示意图如图 4-8 所示。

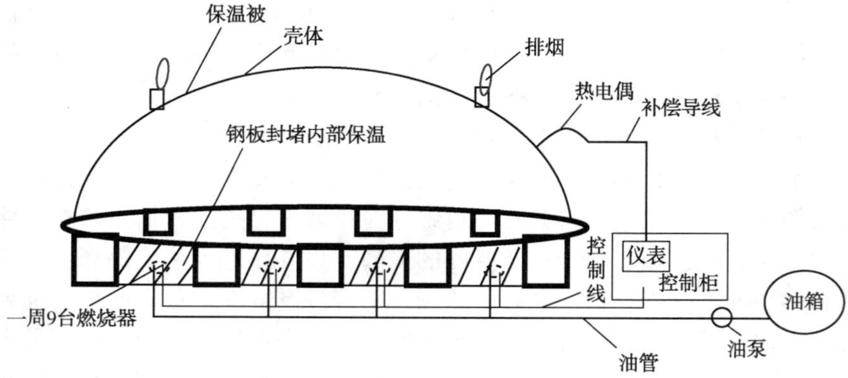

图 4-8　顶封头内燃法热处理示意图

热处理工艺系统由燃油、供油、温度测量和排烟系统组成。燃烧器采用一套微机系统对热处理过程进行智能化控制，以满足工艺要求。燃料采用 0#轻柴油，通过油泵送油，由电磁阀控制经喷嘴后喷出，雾化的燃烧油由电子点火器自动点燃柴油进行燃烧，燃烧器上的鼓风机风量按预先设定的风油比助燃。根据热工计算，每台设备整体热处理最大耗油量约 4t，储油罐一次装油量应保证最大耗油量。

热处理过程中，由于热膨胀、组织转变和焊接应力释放的影响，升温至保温阶段时，壳体发生向四周的膨胀变形是无法避免。当温度降温至室温时，热膨胀量得到消除，但是材料经过热处理的组织转变以及焊接应力的释放仍会使壳体的尺寸发生微量的变化，这同样是无法避免的。所以控制壳体热处理前后的变形，主要是控制热膨胀过程。通过对温度的控制，即控制升温速率、降温速率。保证保温层的厚度和均匀性，使各部位的散热情况趋于一致，能有效地提高热处理的温度均匀性。本书通过对热处理过程升温速率、降温速率和保温层三方面的过程动态控制，将热处理前后的变形控制在一定范围内。热处理过程的工艺流程图如图 4-9 所示。

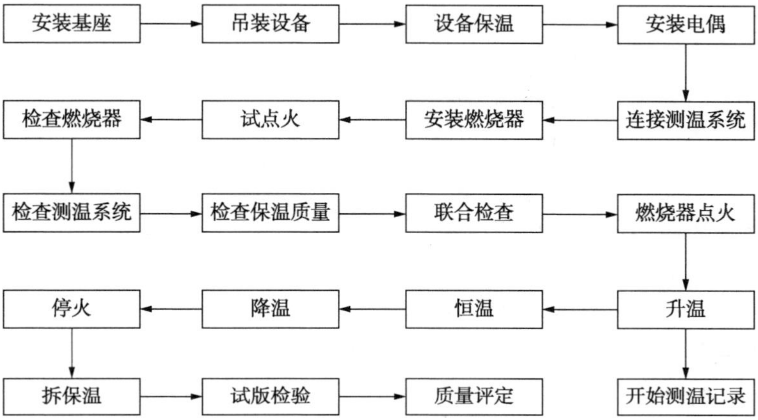

图 4-9　顶封头热处理过程工艺流程图

4.3.2　热工计算原理与方法

本研究中的热工计算以壳体区域内的热平衡为基本原理。在一个工作周期内，热处理过程所需的总热量$\sum Q_t$由下式计算：

$$\sum Q_{t} = Q_{t1} + Q_{t2} + Q_{t3} + Q_{t4} + Q_{t5} + Q_{t6} \tag{4-6}$$

式中　Q_{t1}——加热壳体金属的有效热量，kJ/h；

Q_{t2}——绝热层散失的热量，kJ/h；

Q_{t3}——绝热层蓄热损失，kJ/h；

Q_{t4}——燃料油化学未完全燃烧热损失，kJ/h；

Q_{t5}——燃料油机械不完全燃烧热损失，kJ/h；

Q_{t6}——烟囱排烟热损失，kJ/h。

Q_{t1}计算公式如下：

$$Q_{t1} = m_{q}(C_{i+1}t_{i+1} - C_{i}t_{i})/T_{i} \tag{4-7}$$

式中　m_q——壳体质量，包括了热处理质量、临时热处理上、下封头和部分平台质量，kg；

t_{i+1}——热处理温度区间的上限温度，℃；

t_i——热处理温度区间的下限温度，℃；

C_{i+1}——壳体在温度为t_{i+1}时的比热容，kJ/(kg·℃)；

C_i——壳体在温度为t_i时的比热容，kJ/(kg·℃)；

T_i——壳体从热处理温度区间下限温度加热到上限温度所需的时间，h。

Q_{t2}计算公式如下：

$$Q_{t2}=\frac{3.6(t_h-t_e)}{\frac{1}{2\pi l\lambda_m}\ln\frac{d_2}{d_1}+\frac{1}{2\pi l\lambda_n}\ln\frac{d_4}{d_3}+\frac{1}{\pi d_4 l\alpha_a}}\varepsilon \tag{4-8}$$

式中 t_h——壳体热处理区间上限温度,℃；

t_e——热处理现场环境温度,℃；

d_1——壳体内径，m；

d_2——壳体外径，m；

d_3——保温层内径，m；

d_4——保温层外径，m；

λ_m——壳板的导热率，W/(m·℃)；

λ_n——隔热材料的导热率，W/(m·℃)；

α_a——隔热层外表面对环境空气的对流传热系数，W/(m²·℃)。

Q_{t3}计算公式如下：

$$Q_{t3}=m_g C_j(t_{j+1}-t_j)/T_j \tag{4-9}$$

式中 m_g——隔热层质量，kg；

C_j——隔热层的平均比热容，kJ/(kg·℃)；

t_{j+1}——隔热层在热处理温度区间的终了平均温度,℃；

t_j——隔热层在热处理温度区间的初始平均温度,℃；

T_j——隔热层从热处理温度区间下限温度加热到上限温度所需的时间，h。

Q_{t4}计算公式如下：

$$Q_{t4}=0.0553Q_h\alpha B_n \tag{4-10}$$

式中 Q_h——燃料油高位热值，本研究中可取44480kJ/kg；

α——燃料油燃烧时的过量空气系数，可取1.3；

B_n——每个温度区间的燃油消耗量，kg/h。

Q_{t5}计算公式如下：

$$Q_{t5}=KB_nQ_1 \tag{4-11}$$

式中 K——燃料油机械不完全燃烧损失率，取0.025；

Q_1——燃料油低位热值，本研究中可取41860kJ/kg。

Q_{t6}计算公式如下：

$$Q_{t6}=\beta_b Q_1 B_n \tag{4-12}$$

式中 β_b——排烟热损失率。

在每个工作周期内，壳体区域内所需的总热量$\sum Q_t$都是由燃油燃烧放热供给，则有：

$$\sum Q_t = Q_1 B_n \tag{4-13}$$

在每个工作周期内联立求解式(4-6)~式(4-13)可以求得每个工作周期内满足工艺过程要求所需的燃料油消耗量。

4.3.3 热工计算结果

根据热工计算原理与方法，结合顶封头的热处理加热要求，计算得到整个热处理过程中不同升温工序的热量需求、加热时长、单位时间燃料消耗量以及累积耗油量，结果如表 4-14 所示。

表 4-14 不同工作周期热工计算结果汇总

工序	温度下限	温度上限	所需热量	燃料消耗量	加热时间	工序内累积耗油量
	℃	℃	MJ/h	kg/h	h	kg
1	25	100	3646	99. 1	1. 25	123. 9
2	100	200	5934	161. 2	1. 67	268. 7
3	200	300	8224	223. 5	1. 67	372. 5
4	300	400	11127	302. 4	1. 67	504. 0
5	400	500	14145	384. 4	1. 67	640. 6
6	500	600	14383	390. 8	1. 67	651. 4
7	600	620	10746	292. 0	0. 33	97. 3
8	620	620	8133	194. 2	2. 2	427. 2
加热时长与耗油量总计					12. 13	3085. 6

为了更为直观地表达热处理过程中不同工序的加热变化，将表 4-14 中的信息用趋势图表示，如图 4-10 和图 4-11 所示。由图可见，在工序 6 阶段所需的加热量最大，燃油消耗量也最多。经工程实践检验，本节的方法计算得到的各工序燃油投入量基本能够满足工程升温的需要，检验了计算原理与方法的可行性和准确性。

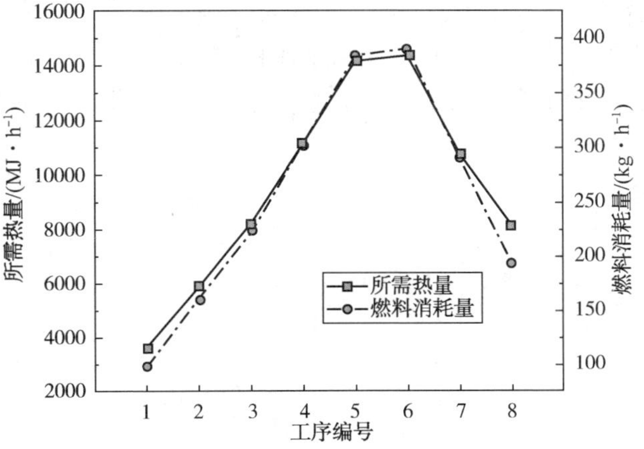

图 4-10 顶封头热处理过程所需热量和燃料消耗量的变化趋势图

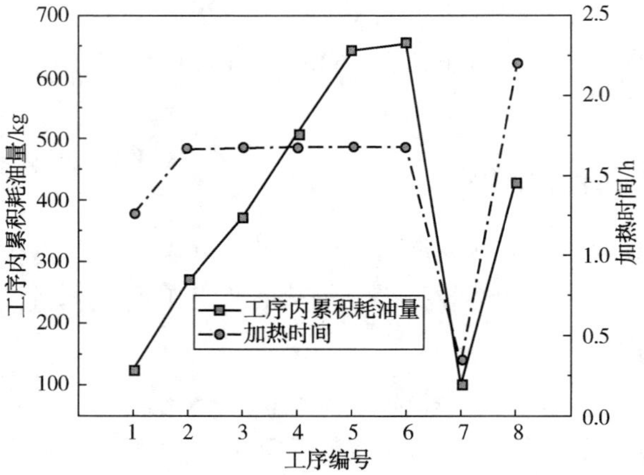

图 4-11　顶封头热处理过程加热时间和累积耗油量的变化趋势图

4.4　本章小结

锅炉的热平衡计算原理和公式是锅炉热力计算的基础，根据整个锅炉系统中的输入热量与输出热量相等，进而确定锅炉在特定负荷下的燃料消耗量等参数。锅炉的热平衡计算原理除了用于锅炉热力计算外，还可以灵活地应用于涉及燃料燃烧、气化的一些工艺系统中。本章研究了锅炉热平衡计算方法在三个不同工程案例中的应用，包括熔炼炉冶炼海砂矿的出口煤气温度计算及分析、MSW 气化熔融工艺中垃圾生料的临界热值计算及分析、设备内燃法热处理的热工计算及分析。在研究过程中分别建立了系统能量平衡的计算模型，列出了相应的能量平衡方程，求解并分析了不同因素对解决方案的影响。部分计算结果经实践生产检验，能够满足生产的需求，表明了计算原理和方法的可行。本章的案例解决方案和方法能够为相应的生产提供指导与参考，也可为热平衡在其他工艺系统中的应用提供借鉴。

5　锅炉机组提高再热汽温的可行性研究

锅炉的热力计算结果可以作为锅炉设计或改造的依据。本章采用锅炉热力计算方法对锅炉机组提高再热汽温改造进行了可行性分析和方案设计，同时研究了再热汽温的提高对锅炉机组热力性能和经济性的影响。研究的结果可为机组提高再热汽温改造方案设计提供理论指导和实践借鉴。

5.1　锅炉机组提高再热汽温工程背景

能源和环境问题关系到国家安全和可持续发展，如今国家正着手建立健全的节能减排工作责任制和问责制，把节能减排各项工作目标和任务逐级分解到各地和重点企业，并将节能减排指标完成情况纳入各地经济社会发展综合评价体系，作为政府领导干部综合考核评价和企业负责人业绩考核的重要内容。为加强节能技术改造，加快节能新技术的推广和应用，拟对某锅炉机组进行技术改造，使得改造后锅炉的再热汽温提高，在保证机组安全运行的同时提高机组的经济性，挖掘设备潜力，降低供电煤耗[158-162]。

再热器的进汽是汽轮机高压缸的排汽，它的压力为主蒸汽压力的20%左右，温度稍高于相应的饱和温度，流量约为主蒸汽流量的80%，目前我国应用的大部分机组其再热器出口蒸汽温度约等于主蒸汽温度。而再热蒸汽和主蒸汽相比，具有如下特点：

(1) 再热蒸汽压力低，蒸汽与管壁之间的对流放热系数小，对于超高压机组，再热蒸汽的对流放热系数只有过热蒸汽的25%。再热蒸汽对管壁的冷却效果差，而再热蒸汽出口温度与过热蒸汽相同，为了使再热器管壁不超温，在出口段应采用高级合金钢。

(2) 虽然再热蒸汽的质量流量约为主蒸汽流量的80%，但由于再热蒸汽压力低、温度高、比体积大，再热蒸汽的容积流量比主蒸汽大得多。

(3) 再热器蒸汽侧流动阻力的大小直接影响机组的热效率，研究表明，再热蒸汽流动阻力每增加 0.98MPa，汽轮机汽耗增加 28%，因此再热蒸汽的连接管道和再热器本身的阻力越小越好。

（4）再热器对汽温偏差较敏感。在相同的温度下，蒸汽的比热随着压力的降低而减小，因此再热蒸汽的比热比过热蒸汽的比热低，在相同的热偏差下，再热器出口汽温偏差比过热器大。

（5）再热蒸汽温度受汽轮机高压缸排汽温度影响较大。单元机组在定压运行时，汽轮机高压缸排汽温度随着负荷的降低而降低，再热器进口温度也相应降低，从而使再热器出口汽温降低。

提高机组的再热汽温，一方面可以增大电厂机组朗肯循环温差，提高机组的循环热效率，以往的运行经验表明，再热汽温每提高 10℃发电，煤耗降低 1g/kW · h[163-165]；另一方面，提高再热汽温会提高乏汽的干度，减小了乏汽中的水滴对汽轮机末级叶片的冲击，保证汽轮机组的内效率，提高汽轮机的工作安全性[166-168]。因此，结合再热蒸汽的特点，对机组锅炉进行提高再热汽温的项目改造，对发电企业的生产发展和我国的节能减排事业具有重大意义。

5.2 提高再热汽温技术原理及方案

要提高锅炉机组的再热汽温，即整个锅炉热力系统再热吸热份额增加，因此需要增加再热受热面在炉内的布置以达到重新分配锅炉吸热量的目标[169-171]。

虽然在一定范围内增大燃烧器摆角也可以提高再热汽温，但火焰中心的上移，一方面使过热汽温上升，另一方面使煤粉在炉内的燃烧时间缩短，导致飞灰中含碳量增加，锅炉效率降低，此外，还可能因炉膛出口烟温过高而引起炉膛出口处受热面产生结渣现象。因此摆动燃烧器只能作为调节汽温的手段而不能用作改造的技术手段来提高再热汽温。

从高压缸出来的再热蒸汽压力低，对管壁的冷却能力差，当锅炉再热蒸汽参数提高后，再热器的管壁温度也会相应提高，而且当调整再热器结构尺寸和空间位置后，热力偏差和水力偏差都可能会导致管壁温度超过钢材的最高许用温度。因此在锅炉改造时需要校验受热面壁温，选择合适经济的再热器钢材，以确保锅炉安全运行。

当再热器的结构参数改变后，锅炉烟风阻力、再热器系统水力阻力和燃料消耗量将随之发生变化，因此，必须对改造后的锅炉进行烟风阻力、再热器水力阻力和制粉系统出力进行校核，保证改造后锅炉的正常运行。

通过增加再热器在炉内的布置面积来提高再热汽温会改变整台锅炉的运行参数，包括锅炉各受热面的热量分配，炉膛出口烟温，排烟温度，燃煤量，锅炉效率等，因此必须从整台锅炉的热力计算出发来确定改造后再热器受热面的结构参数。

以我国某典型的 300MW 机组锅炉为例，其再热器系统按蒸汽流程依次分为三级：低温壁式再热器、中温再热器、高温再热器，它们全部布置在炉膛上部和炉膛出口处的高烟温区，具有良好的辐射特性和宽阔的负荷适应范围。再热汽温的调节主要依靠改变燃烧器摆动角度来变换炉膛火焰中心的高度，即改变炉膛出口烟温和炉内吸热分配来实现；在壁再出口至中再入口的连接管道内设置了喷水减温器，用来细调再热汽温，在再热器进口管道内，还设置了事故喷水减温器。为提高锅炉的再热汽温，拟定了如下三个方案：

方案一：结合锅炉的结构参数，利用原有布置高温再热器的水平烟道空间重新设计高温再热器。在设计过程中，可通过采用减小横(纵)向节距、增加每排管圈数或总管排数的方法来增大高温再热器的传热面积，达到提高再热汽温的目标。

方案二：根据锅炉的结构参数，在原有布置中温再热器的水平烟道空间重新设计中温再热器。在具体设计过程中，可通过采用减小横(纵)向节距、增加每排管圈数或总管排数的方法来增大中温再热器的传热面积，达到提高再热汽温的目标。

方案三：结合锅炉的结构参数，在原有的再热器汽水系统上增加再热附加受热面。选用耐高温的优质钢材作为增加的高温受热面管材，用来承担提高再热汽温的任务。此方案可充分利用原有锅炉的再热器受热面，改造量较小，但受到锅炉结构参数的限制，增加的受热面只能布置于低温过热器出口垂直段后的转向烟室，但此区域烟气温度较低，而工质温度较高，气流对受热面的冲刷条件差，因此布置在此处的再热附加受热面对烟气热量的利用率较低。

5.3 设计方案计算与分析

5.3.1 锅炉机组概况

图 5-1 展示了某亚临界压力机组锅炉的热力系统布置。锅炉蒸发量为 1000t/h，压力为 16.7MPa，过热汽温/再热汽温为 538/538℃。锅炉为亚临界Π型布置、平衡通风、四角切圆燃烧、带一次中间再热、自然循环汽包炉。过热汽温采用三级

喷水减温调节，再热汽温主要采用燃烧器摆动调节。

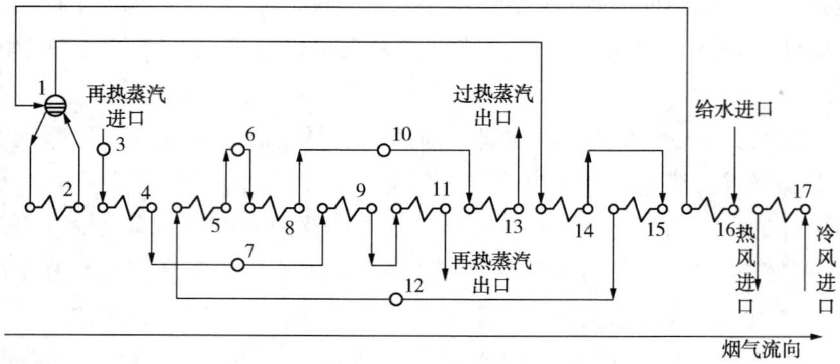

图 5-1　所研究锅炉机组的热力系统布置图

1—锅筒；2—水冷壁；3—再热器事故喷水减温器；4—壁式再热器；5—前屏过热器；6—第二级喷水；7—再热器喷水减温器；8—后屏过热器；9—中温再热器；10—第三级喷水；11—高温再热器；12—第一级喷水；13—高温过热器；14—转向烟室(含顶棚和包覆过热器)；15—低温过热器；16—省煤器；17—空气预热器

该锅炉燃用的煤种参数如表 5-1 所示。

表 5-1　煤种参数

项目	单位	设计煤种	实际煤种
收到基碳 C_{ar}	%	42. 18	47. 36
收到基氢 H_{ar}	%	3. 82	3. 16
收到基氧 O_{ar}	%	7. 79	7. 93
收到基氮 N_{ar}	%	0. 72	0. 70
收到基硫 S_{ar}	%	1. 22	0. 49
收到基灰分 A_{ar}	%	32. 60	26. 36
全水分 M_t	%	11. 67	14. 00
空气干燥基水分 M_{ad}	%	2. 19	2. 63
干燥无灰基挥发分 V_{daf}	%	42. 07	39. 87
收到基低位发热量 $Q_{net \cdot ar}$	kJ/kg	17200	18110

5.3.2 方案一主要计算结果与分析

方案一将高温再热器的横向节距由 228.6mm 调整为 171.45mm，是顶棚管节距的 1.5 倍，即在 3 根顶棚管之间布置 2 片管屏，以便于拔管穿顶，管圈数由 7 根增加到 9 根，主要结构参数变化如表 5-2 所示。

表 5-2 方案一结构参数

序号	名称		单位	计算结果	
				原始结构	方案一
1	高温再热器	受热面积	m^2	1933.07	3285.85
2		横向节距	mm	228.6	171.45
3		纵向节距	mm	120	120
4		横向排数		63	84
5		纵向排数		14	18

根据调整后高温再热器参数和锅炉原有结构参数，对方案一进行锅炉整体热力计算，主要计算结果如表 5-3 所示。完整的热力计算结果见附录 B。

表 5-3 方案一主要热力计算结果

序号	名称		单位	计算结果	
				实际煤种	方案一
1	高温再热器	进口烟温	℃	946.7	972.9
2		出口烟温	℃	858.2	850.7
3		工质进口温度	℃	476.0	469.5
4		工质出口温度	℃	538	566
5		烟气流速	m/s	9.79	11.29
6	过热器一级喷水量		t/h	18	20
7	过热器二级喷水量		t/h	2	2
8	过热器三级喷水量		t/h	12	12
9	再热蒸汽喷水量		t/h	1	0
10	排烟温度		℃	151.02	154.08
11	锅炉热效率		%	90.50	90.32
12	燃料消耗量		t/h	163.63	166.10

方案一烟风阻力和再热器系统水力阻力计算结果如表 5-4 所示。

表 5-4 方案一烟风阻力和水力阻力计算结果

项目	烟气横向冲刷中再阻力/Pa	烟气横向冲刷高再阻力/Pa	中再、高再总烟风阻力/Pa	再热器系统水力阻力/MPa
设计煤种	9. 2	28. 3	37. 5	0. 204
实际煤种	8. 74	27. 25	35. 99	0. 2032
方案一	9. 22	65. 52	74. 74	0. 1663

结果显示，方案一可以将再热器汽温提高 28℃，但由于高温再热器中的蒸汽温度为最高，且它对热偏差又比较敏感，而管圈数的调整势必会增大热偏差，故无论是全体或偏差管的壁温都比较高，对管材的选择提出了更高的要求；仅增加高再面积来达到再热汽温的要求，此时锅炉的调温性能较差，在低负荷时再热汽温呈现较强的对流特性；增加高温再热器管排数会增大高温再热器的烟风阻力，但增加的幅度仍在原有的风机裕量之内，水力阻力亦在可接受的范围之内。

5. 3. 3 方案二主要计算结果与分析

方案二将中温再热器的横向节距由 342. 9mm 调整为 228. 6mm，即为顶棚管节距的 2 倍，管圈数由 9 根调整为 10 根，主要结构参数变化如表 5-5 所示。

表 5-5 方案二结构参数

序号	名称		单位	计算结果	
				原始结构	方案二
1	中温再热器	受热面积	m^2	1960. 78	3246. 25
2		横向节距	mm	342. 9	228. 6
3		纵向节距	mm	70	70
4		横向排数		42	63
5		纵向排数		18	20

根据调整后中温再热器参数和锅炉原有结构参数，对方案二进行锅炉整体热力计算，主要计算结果如表 5-6 所示。完整的热力计算结果见附录 B。

表 5-6 方案二主要热力计算结果

序号	名称		单位	计算结果	
				实际煤种	方案二
1	中温再热器	进口烟温	℃	1054.6	1082.8
2		出口烟温	℃	954.0	951.7
3		工质进口温度	℃	387.8	375.1
4		工质出口温度	℃	476.0	492.7
5		烟气流速	m/s	7.79	8.90
6	高温再热器	进口烟温	℃	946.7	944.8
7		出口烟温	℃	858.2	860.0
8		工质进口温度	℃	476.0	492.7
9		工质出口温度	℃	538	554.3
10		烟气流速	m/s	9.79	9.94
11	过热器一级喷水量		t/h	18	18
12	过热器二级喷水量		t/h	2	2
13	过热器三级喷水量		t/h	12	9
14	再热蒸汽喷水量		t/h	1	0
15	排烟温度		℃	151.02	154.67
16	锅炉热效率		%	90.50	90.28
17	燃料消耗量		t/h	163.63	166.16

方案二烟风阻力和再热器系统水力阻力计算结果如表 5-7 所示。

表 5-7 方案二烟风阻力和水力阻力计算结果

项目	烟气横向冲刷中再阻力/Pa	烟气横向冲刷高再阻力/Pa	中再、高再总烟风阻力/Pa	再热器系统水力阻力/MPa
设计煤种	9.2	28.3	37.5	0.204
实际煤种	8.74	27.25	35.99	0.2032
方案二	16.25	28.08	44.33	0.1534

计算结果表明，方案二能够将再热汽温提高 16.3℃，但不能实现提高再热汽温 28℃的目标。由于横向节距的缩小，减小了烟气通流截面，烟气流速提高，烟气对管壁的对流换热系数相应增大，但减小横向节距，使得管排间烟气辐射层厚度减小，减弱了管间烟气的辐射能力，使管间辐射传热量在中温再热器总的吸热量中占有份额减小，进而大大降低了中温再热器的传热系数 k，因此出现了中

温再热器受热面积增加了很大而再热汽温却提高很少的现象；另一方面，横向管排的增大，会使得烟风阻力上升，但上升幅度仍在原有风机的裕量之内，水力阻力亦在可接受的范围之内。

5.3.4 方案三主要计算结果与分析

如表 5-8 所示，保持原有的壁再、中再及高再结构参数不变，方案三在转向烟室添加逆流布置的再热受热面，再热受热面共 112 排，每排 6 根管圈，横向节距 130mm，纵向节距 120mm，管径和壁厚与原有高温再热器相同。

表 5-8 方案三结构参数

序号	名称		单位	计算结果	
				原始结构	方案三
1	附加再热受热面	受热面积	m^2	—	2622.05
2		横向节距	mm	—	130
3		纵向节距	mm	—	120
4		横向排数		—	112
5		纵向排数		—	12

根据附加再热受热面参数和锅炉原有结构参数，对方案三进行锅炉整体热力计算，主要计算结果如表 5-9 所示。完整的热力计算结果见附录 B。

表 5-9 方案三主要热力计算结果

序号	名称		单位	计算结果	
				实际煤种	方案三
1	附加再热受热面	进口烟温	℃	—	714.4
2		出口烟温	℃	—	674.8
3		工质进口温度	℃	—	538.7
4		工质出口温度	℃	—	566
5		烟气流速	m/s	—	10.18
6	过热器一级喷水量		t/h	—	22
7	过热器二级喷水量		t/h	—	2
8	过热器三级喷水量		t/h	—	11.7
9	再热蒸汽喷水量		t/h	—	0
10	排烟温度		℃	—	152.84
11	锅炉热效率		%	—	90.39
12	燃料消耗量		t/h	—	166.06

方案三烟风阻力和再热器系统水力阻力计算结果如表 5-10 所示。

表 5-10　方案三烟风阻力和水力阻力计算结果

项目	烟气横向冲刷中再阻力/Pa	烟气横向冲刷高再阻力/Pa	烟气横向冲刷附加再热器阻力/Pa	再热器系统总烟风阻力/Pa	再热器系统水力阻力/MPa
设计煤种	9.2	28.3	—	37.5	0.204
实际煤种	8.74	27.25	—	35.99	0.2032
方案三	9.2	28.54	57.08	94.82	0.2253

受到锅炉结构参数的限制，增加的再热受热面布置于低温过热器出口垂直段后的转向烟室。结果表明，方案三可以提高再热汽温 28℃，但由于受热面布置在转向烟室，冲刷条件差，传热温差小，对烟气热量的利用率较低，钢材耗量较大，而且此处受热面必须选用耐高温的优质钢材，故降低了锅炉改造的经济性；整个再热器系统的烟风阻力增大，但仍在原有风机的裕量范围之内；再热器系统的水利损失较前面四种方案要明显增大，这对整个机组的经济性运行是非常不利的；在烟温较低的转向烟室区布置“末级再热器”，这会使整个再热器系统的调温特性呈现非常强烈的对流特性，锅炉在低负荷运行时，附加再热受热面对流传热系数明显降低，将不利于再热汽温的提高。

5.3.5　三组方案的综合评价

以上三组方案，除方案二外，其他两种改造方案均能达到提高再热汽温 28℃的目标，但由于各改造方案的设计结构不同，其改造成本及改造后锅炉的运行性能亦不相同，现对各改造方案进行综合分析比较如下：

（1）方案一可以实现提高再热器汽温 28℃的目标，但由于高温再热器中的蒸汽温度为最高，且它对汽温偏差又比较敏感，而管圈数的调整势必会增大热偏差，故无论是全体或偏差管的壁温都比较高，对管材的选择提出了更高的要求；仅增加高再面积来达到再热汽温的要求，此时锅炉的调温性能较差，在低负荷时再热汽温呈现较强的对流特性；该方案中采用了增加高再横向排数的方法，一方面烟气流速增大，虽然由此导致的烟风阻力增加仍在原有风机的裕量范围内，但高温再热器的磨损情况势必加剧，另一方面排数增加后为再热器穿插顶棚管的均匀布置增加了难度；再热蒸汽流速降低，再热蒸汽本来较主蒸汽冷却能力较差，大幅度的流速降低将使蒸汽对管壁的冷却能力变得更差，降低了机组运行的安全性。

（2）方案二只增加中温再热器受热面积难以实现提高再热汽温 28℃的目标要求，这是由于中再布置在高温烟气区，烟气对受热面的辐射换热占主要地位，当中温再热器排数增大时，有效辐射层厚度减小，使得辐射换热系数降低，进而导致整个受热面的传热系数 k 降低，受热面积虽然增加但传热量却增加很少；只通过增加管圈来增大面积不仅会造成很大的热偏差，还会受到锅炉空间结构的限制；同时增加管圈数和管排数，计算结果如表 11 所示，不能达到既定目标。再考虑到原有高温再热器的管材在提高再热汽温后的承温能力，改造中温再热器时高温再热器也要相应改造，因此该方案不予考虑。

（3）受到锅炉结构参数的限制，方案三将增加的附加再热受热面布置于低温过热器出口垂直段后的转向烟室。虽然此方案可以达到既定目标，但由于再热受热面布置在转向烟室，冲刷条件差，工质温度较高而烟气温度较低，传热温差小，对烟气热量的利用率较低，钢材耗量较大，且所用钢材都必须为耐高温的优质钢材，选用优质钢材势必将增加锅炉改造成本。整个再热器系统(包含附加再热受热面)烟风阻力及水力损失都增加较大。并且增加的附加受热面的调温特性呈现明显的对流特性，将不利于低负荷下再热汽温的调节。结合目前电站锅炉的设计制造和生产运行，在转向烟室布置横向冲刷的高温级受热面的情况极少存在，因此该方案亦可不予考虑。

再热器系统蒸汽侧阻力的大小直接影响机组热效率，阻力每增加 0.98MPa，汽轮机的汽耗增加 0.28%，因此再热器系统的水力阻力越小越好。再热器系统管内总压降分为重位压降、加速压降和流动阻力损失，流动阻力损失包括摩擦阻力损失和局部阻力损失。当增加再热器受热面时，即增加壁式、中温或高温再热器的管子根数，增大了蒸汽流通截面积，蒸汽质量流量降低。而流动阻力损失与蒸汽质量流量成平方关系，即流动阻力损失与并联管子根数成平方反比关系，并联管子根数越多，流动阻力损失越小，反之亦然。因此，如各方案水力阻力计算结果所示，前四种方案再热器系统管内总压降较实际煤种工况时要小，这在提高机组经济性方面是有利的；方案五中由于未改动原有的再热器系统，只是增加了附加再热受热面，使得改造后再热器系统蒸汽流程变长，因此其水力阻力要高于改造前的再热器水力阻力，降低机组运行的经济性。

对于以上三组方案，锅炉在改造前、后所配制粉系统的出力完全满足要求，原有的制粉系统磨煤出力裕量完全满足锅炉提高再热汽温改造后的燃料需求，此外，该制粉系统的钢球磨煤机还具有扩充钢球量以提高出力的空间，因此各个方案的制粉系统出力校核结果均是满足锅炉运行要求的。

根据上述分析，为达到提高锅炉再热汽温到额定值的目标要求，通过对三组改造方案进行综合比较分析，推荐改造方案一。

5.4 提高再热汽温对锅炉机组热力特性和经济性的影响

5.4.1 提高再热汽温对锅炉热力特性的影响

主蒸汽的流量及参数维持不变，提高机组的再热汽温会使整个锅炉系统的热量分配发生变化，即再热吸热量占锅炉总吸热量的份额增加，如图 5-2 所示。在一定范围内增大燃烧器摆角虽然可以提高再热汽温，但火焰中心的上移，会使过热汽温上升，同时还会使煤粉在炉内的燃烧时间缩短，导致飞灰中含碳量增加，锅炉效率降低。此外，还可能因炉膛出口烟温过高而引起炉膛出口处受热面产生结渣现象。因此摆动燃烧器只能作为调节汽温的手段。在设计或改造中要从本质上提高再热汽温，必须对热力系统中受热面的布置进行优化设计或改造，即合理增大再热受热面在热力系统中所占比例。

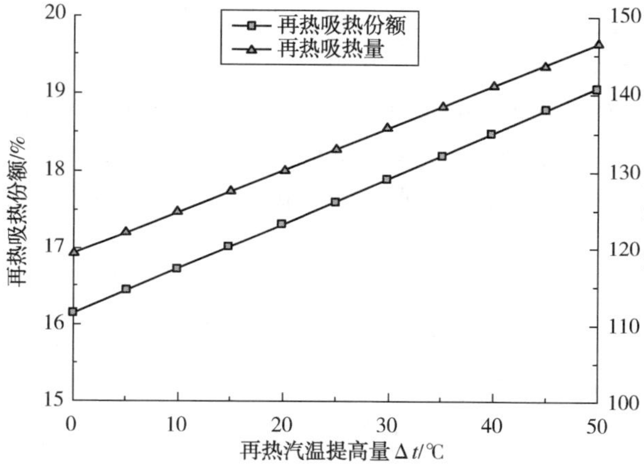

图 5-2 再热吸热量随再热汽温提高的变化

只通过增大中温再热器面积来提高再热汽温到额定值，各个受热面吸热量变化、燃料消耗量、炉膛出口后各主要受热面的烟气进口温度变化及过热蒸汽减温水量如图 5-3 所示。图中随着再热汽温的升高，工质吸热量增加，锅炉的燃料消耗量增大。中温再热器受热面积增大后吸热量大幅增加，而高温再热器烟气进口温度降低。从中温再热器出来的再热蒸汽温度升高，因而烟气流过高温再热器时传热温差减小，高温再热器吸热量降低，且再热汽温升温幅度越大吸热量降低越多。高温过热器、低温过热器的吸热量变化规律与高温再热器类似，随着再热汽温的升高而降低，烟气进口温度也呈降低趋势。沿着烟气流程布置在中温再热器之后的各个受热面其吸热量及烟气进口温度的变化幅度依次减小，直至省煤器，其吸热量及烟气进口温度几乎不变。改造中温再热器以提高再热汽温对炉膛的热工况影响较小，由于燃料消耗量的增加，炉膛出口烟温略有升高，炉膛吸热量少量增加。随着再热汽温的提高，锅炉过热器系统中高温过热器的吸热量在逐渐降低，因而过热蒸汽的减温水量亦逐渐减少。

只通过增大高温再热器面积来提高再热汽温到额定值，各个受热面吸热量变化、燃料消耗量、炉膛出口后各主要受热面的烟气进口温度变化及过热蒸汽减温水量如图 5-4 所示。由图可见随着再热汽温的升高，中温再热器吸热量略微增加

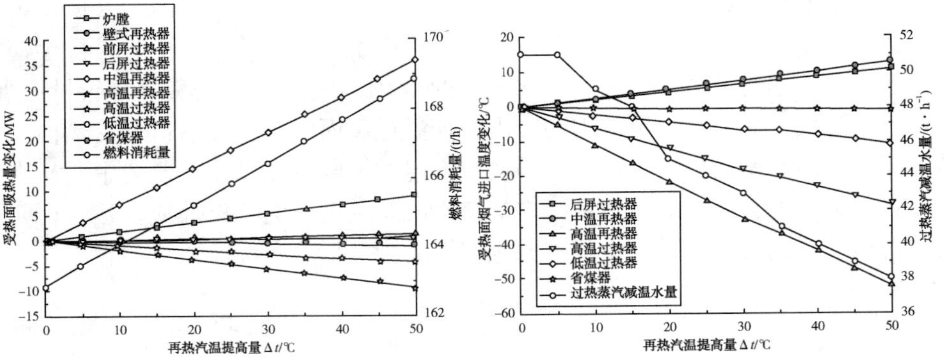

图 5-3　增大中温再热器面积提高再热汽温对锅炉热力特性的影响

而高温再热器由于面积增大吸热量大幅增大，锅炉热力系统内其他受热面的热力参数、燃料消耗量及过热蒸汽减温水量的变化趋势与图 5-3 相类似。

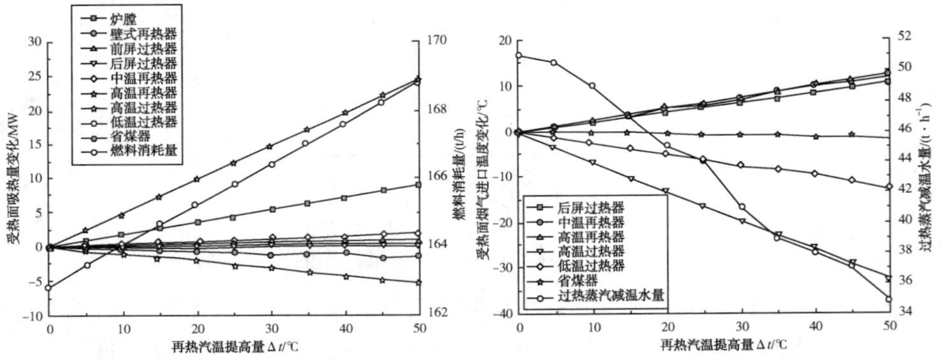

图 5-4　增大高温再热器面积提高再热汽温对锅炉热力特性的影响

以上提高再热汽温对锅炉热力特性的影响研究表明，增加再热受热面面积来提高机组的再热汽温，进而提高机组的经济性是可行的。增大中、高温再热器面积对锅炉炉膛的热工况影响较小。布置在中、高温再热器之后的受热面其吸热量和烟气进口温度随再热汽温的提高而逐渐降低，且沿着烟气流程各受热面的吸热量及烟气进口温度的变化幅度依次减小，直至省煤器，其吸热量及烟气进口温度几乎不发生变化，因而锅炉排烟温度变化不大。在本节所计算的再热汽温提高量从 0℃ 到 50℃ 变化时，排烟温度变化在 5℃ 以内，即提高再热汽温对锅炉热效率影响很小[172,173]。

5.4.2　提高再热汽温对机组经济性的影响

提高再热汽温不但能增大机组容量，还能提高机组循环效率，降低发电煤耗。等效热降法是基于热力学的热功转换原理，考虑到设备、热力系统结构和参数的特点，经过严密的理论推演，导出几个热力分析参量 H_j 和 η_j 等，用以研究热功转换及能量利用程度的一种方法。以本文所列机组为例，利用等效热降的基本原理，在机组其他参数一定的条件下进行分析与计算[174-178]，得出循环效率相对变化及机组容量随再热汽温提高的变化关系如图 5-5 所示。由图可见再热汽温每提高 10℃机组容量增大约 5MW，循环效率提高约 0.85%。

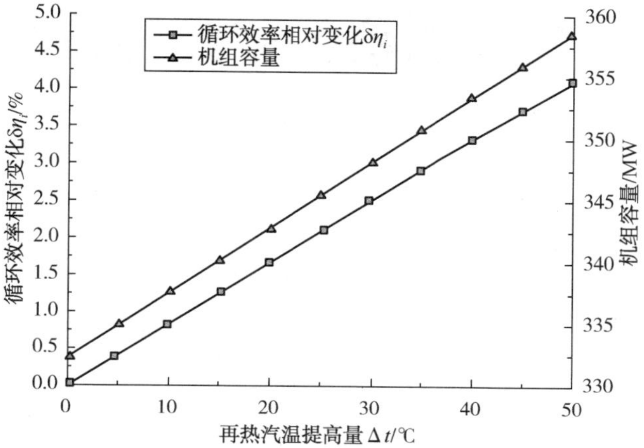

图 5-5 提高再热汽温对机组经济性的影响

5.5 本章小结

锅炉的传热性能计算可以用于锅炉设计或改造。提高锅炉的再热汽温能够提高机组的再热汽温，一方面可以增大电厂机组朗肯循环温差，提高机组的循环热效率；另一方面，提高再热汽温会提高乏汽的干度，减小了乏汽中的水滴对汽轮机末级叶片的冲击，保证汽轮机组的内效率，提高汽轮机的工作安全性。

本章采用锅炉传热性能计算方法对锅炉机组提高再热汽温改造进行了可行性分析和方案设计。在所提出的三组改造方案中，方案一和方案三能够达到提高再热汽温到额定值的目标，方案一通过增大高温再热器面积，但由此也增大了高温再热器的热偏差。方案三在转向烟室布置附加再热器，冲刷条件差，传热温差小，对烟气热量的利用率较低，钢材耗量较大，同时也不利于低负荷下再热汽温的调节。综合考虑下推荐方案一作为改造方案。之后计算了当再热汽温提高时锅炉各个受热面的吸热量及烟气进口温度等参量的变化，进而得出提高再热汽温对锅炉机组热力特性的影响并进行详细的经济性分析，结论如下：(1) 通过增加再热受热面面积来提高再热汽温进而提高机组的经济性是可行的，且提高再热汽温对锅炉炉膛的热工况影响较小，排烟温度也变化不大；(2) 布置在中、高温再热器之后的对流受热面其吸热量和烟气进口温度随再热汽温的提高而逐渐降低，且沿着烟气流程各受热面的吸热量及烟气进口温度的变化幅度依次减小，直至省煤器，其吸热量及烟气进口温度几乎不发生变化；(3) 再热汽温每提高 10℃ 机组容量增大约 5MW，循环效率提高约 0.85%。

6 再燃掺烧生物质的炉膛传热性能研究

本章以大型燃煤火力发电厂锅炉为研究对象，将掺烧生物质燃料与锅炉炉膛燃料分级低 NO_x燃烧技术相结合，根据炉膛内燃烧过程的特点，对炉膛进行分区段热力计算，进而获得沿锅炉炉膛高度的烟气温度分布和炉膛水冷壁的吸热负荷分布规律，并研究了生物质燃料种类和掺烧比例对炉膛内传热特性的影响。之后结合生物质燃料的特点，提出了一种高效低污染掺烧低挥发分煤种的方法，并探讨了旋风炉掺烧生物质的可行性。

6.1 生物质再燃掺烧研究的背景及意义

我国火力发电厂锅炉以燃煤锅炉为主，在煤的燃烧过程中会生成大量的大气污染物。这些污染物包括烟尘、硫氧化物(SO_x)、氮氧化物(NO_x)等。对于其中的 NO_x、NO 有毒性，人吸入后与血色素结合变成 NO-正铁血红蛋白，阻碍血液吸收氧气，人就会因缺氧而麻痹和痉挛；NO_2红棕色、有毒、恶臭，会破坏人体内脏和造血组织；NO_2在日光作用下与空气中的碳氢化合物共同形成浅蓝色的光化学烟雾，这种烟雾使人眼睛发红、咽喉疼痛、呼吸憋闷、头昏、头痛。光化学烟雾最早发生在 1940 年的美国洛杉矶，1950 年以来，在美国其他城市和世界各地相继出现，如日本、加拿大、德意志联邦共和国、澳大利亚、荷兰等国的一些大城市。

为了保护生态环境，我国燃煤锅炉一般采用以下两种锅炉脱硝技术：燃烧中控制和燃烧后控制[134,179-183]。虽然燃烧后脱硝 SCR 技术脱硝效率高，但是经济费用高昂且系统复杂。因此在燃烧过程中应该尽可能地减小 NO_x的生成，以减少 SCR 脱硝的负担。燃烧中脱硝的方法主要有：低 NO_x燃烧器、空气分级燃烧、燃料分级燃烧、SNCR 脱硝技术等。燃料分级技术是将锅炉燃用的燃料的 80%在过量空气系数大于 1 的条件下送入主燃区燃烧，剩余约 20%的燃料在主燃区上部送入炉膛燃烧，形成过量空气系数小于 1 的还原区，在还原区内燃烧产生的 NO_x被还原成 N_2，在还原区上部燃尽风从燃尽风喷口送入炉膛内使得燃料完全燃烧。

我国生物质燃料不但在空间上分布广泛，而且在数量上也具有很大的优势。生物质能源作为一种可再生的能源与煤再燃掺烧，不仅有能够节煤、优化能源结构的优势并且能够减少二氧化氮、二氧化硫的排放，还能够充分利用我国的地方资源优势，使农民增收。但是生物质资源疏散性强，能量密度低，存在难以收集、运输、储存等缺点，运输距离越长，成本越高。生物质能源含碱金属量较多，在直接燃烧时容易对锅炉造成腐蚀和积灰结渣。生物质能源与煤再燃掺烧时既能减少锅炉投资成本，也可以减轻积灰腐蚀。

目前，生物质能源的利用途径如下[184-189]：

（1）直接燃烧：直接燃烧是单独将生物质送入炉膛使其燃烧。炉灶燃烧是一种传统的燃烧生物质的燃烧方式，通常用于农村家庭，现因其效率低、污染大而已被逐渐淘汰。压缩成型燃料是先将生物质燃料进行高密度物质压缩，压缩后的生物质的各种性能和煤比较接近，然后用它进行燃烧发电。研究发现，生物质能源含钾金属量较高，如果生物质能源直接燃烧这将会对锅炉炉膛造成严重的积灰结渣和腐蚀。在我国大型火力发电厂，很少采取这种方式。

（2）生物质与煤混燃掺烧：直接对生物质燃料与煤燃料同时进行粉碎，然后直接输送到锅炉燃烧器中同时燃烧；或者对生物质燃料进行单独破碎，与煤粉按一定比例混合后送入燃烧器同时燃烧；或者将生物质燃料单独粉碎后送入专门的燃烧器中燃烧，在这种混燃掺烧的基础上，把已经粉碎后的生物质燃料送入再燃燃料喷口进行掺烧以降低 NO_x 排放是一种潜力巨大的生物质能利用方式。

（3）生物质气化是一种将有机物转化为可燃气体的方法，所产生的气体可直接用作发动机、锅炉以及民用燃气灶的燃气。

火力发电厂燃煤锅炉再燃掺烧生物质燃料时，炉内的燃烧、传热过程都将变化，进而影响炉膛内的温度分布和水冷壁吸热。当锅炉进行生物质再燃掺烧改造时，温度分布和水冷壁吸热的变化将影响锅炉运行的安全性和经济性，因此有必要对炉膛内的热力工况进行分析和预测，以期指导改造设计和运行参数选择。

一些学者[190-193]研究了生物质与煤混燃时通过层燃燃烧、煤粉炉燃烧、流化床燃烧等不同方式的燃烧，以及混燃中存在的问题，包括生物质原料的供应、混烧比例问题、生物质燃料引起的腐蚀与结渣及污染的问题。董芃[35]等人研究了煤粉锅炉炉膛燃烧、传热一维数学模型的研究，并建立炉膛介质辐射特性参数计算模型并进行炉膛一维计算分区划分与介质流型简化再进行煤粉锅炉炉膛燃烧、传热一维数学模型的应用。一些学者[191-193]研究了再燃低 NO_x 燃烧技术在我国的发展前景，介绍了生物质再燃技术并进行了技术对比。阎维平等人[22,24]给出了电站锅炉炉膛分区段改进热力计算方法，通过计算实例中各个区段的烟气温度和局部热负荷的分布情况，为以后采用分级燃烧技术的锅炉炉膛校核热力计算提供了参考。刘林华等人[21]的研究介绍了炉膛传热计算方法发展状况，通过对零维模型和多维模型计算分析，解决了应对不同问题所能获得解的精度和适用性的不同。肖志前等人[194]的研究表明我国生物质资源丰富，利用生物质能发电，不仅可以开发新能源、节约煤炭，还能减少有害气体的排放量，保护环境。蒋国平等人[191]研究了掺烧生物质对锅炉热效率的影响规律。

Hudson 等人[21]最早进行了锅炉炉膛传热实验研究，并提出了锅炉炉膛传热计算公式。苏联中央汽轮机锅炉研究所[26]在综合了大量的实验数据的基础上，提出了锅炉炉膛传热计算的半经验方法于 1957 年和 1973 年两次写入苏联锅炉机组热力计算标准方法中。李定凯[187]对芬兰和英国生物质-煤混燃发电的考察，发现无论是芬兰还是英国其生物质混燃发电的技术比较成熟。

前人已针对生物质掺烧研究做了很多工作，然而因为锅炉炉膛传热过程复杂且影响因素较多，当生物质与煤再燃掺烧时会对炉内燃料燃烧及温度场分布造成影响。目前较少有学者对这方面进行研究。由于传热过程复杂，相关因素较多，目前的炉膛传热计算方法不再适用于生物质再燃掺烧炉膛的传热计算。本章采用锅炉炉膛分区段热力计算方法，结合生物质再燃掺烧的炉内燃烧特点对炉膛进行区段划分，列出了各个区段内的传热计算方程式，求解后得到沿锅炉炉膛高度的烟气温度分布和炉膛水冷壁的热负荷分布，并分析了生物质燃料种类和掺烧比例的影响。

6.2 再燃掺烧生物质炉膛区段划分与计算方法

零维模型未将炉膛划分区段，炉膛部分的热力计算是将其看作是一个整体进行热力计算。苏联 1973 年版的锅炉机组热力计算标准方法中讲述了炉膛的分区段计算。分区段计算按热平衡方程式决定沿炉膛高度分布的进出口烟温、受热面辐射热负荷，并决定每一区段的燃料燃尽率等参数。炉膛内各区段的吸热与放热由各区段的平衡方程式来决定。每一区段的受热面辐射热负荷由各区段的平均烟温、出口烟温、热有效系数、炉膛黑度决定。每一区段的出口烟温由烟气渐次逼近法和进口烟温、炉膛黑度、热有效系数等得到。为了计算炉膛的温度分布，将炉膛按照生物质再燃掺烧的特点划分 7 个区段，如图 6-1 所示。炉膛划分的 7 个区段分别是：冷灰斗区、下燃烧器区、上燃烧器区、强烈燃烧区、再燃区、燃尽区和屏区。将下燃烧器区和上燃烧器区作为最大放热区段。

最大放热区段的传热方程如式(6-1)所示：

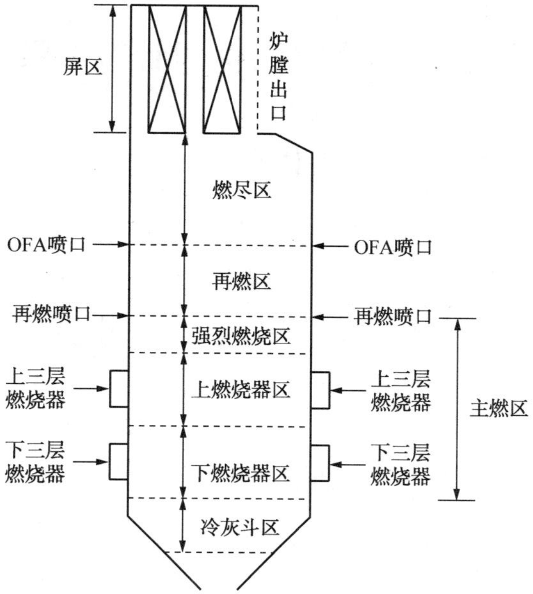

图 6-1 再燃掺烧生物质锅炉炉膛区段划分

$$\frac{\Delta\beta Q_{B}^{P}}{VC''}+\frac{C'}{C''}\vartheta'-\left[1+\left(\frac{T''}{T'}\right)^{4}\right]\times\frac{4.9\times10^{-8}\alpha T'^{4}}{2B_{j}VC''}\times\left[F_{C,CP}(\psi''-\psi')+\psi_{CP}F_{CT}\right]=\vartheta'' \tag{6-1}$$

式中 $\Delta\beta$——最大放热区段内燃料燃烧份额；

$F_{C,CP}$——假象截面热有效系数；

F_{CT}——最大放热区段内水冷壁面积，m^2。

最大放热区段是下燃烧器区与上燃烧器区的合并，此处布置有多个燃烧器喷口，燃料燃烧放热负荷最大，最大放热区段出口烟温可用烟气渐次逼近法得到。该传热方程表示烟气带走的热量+本区段水冷壁吸收的热量+向冷灰斗区辐射的热量+向强烈燃烧区辐射的热量=燃料燃烧放热量。最大放热区段以上的分区原理相同，也按如式(6-1)所示的公式计算。

冷灰斗区段的传热方程如下式所示：

$$\frac{\beta_{lp}Q_{B}^{P}+Q_{r}-Q_{mx}}{VC''}+\frac{C'}{C''}\vartheta'-\frac{4.9\times10^{-8}\alpha T''^{4}}{B_{j}VC''}-\psi F=\vartheta'' \tag{6-2}$$

式中 β_{lp}——冷灰斗区段出口处的燃尽程度；

Q_r——空气带入炉膛的热量，kJ/kg；

Q_{mx}——灰渣热损失，kJ/kg。

冷灰斗区的烟气温度及受热面辐射热负荷是比较高的，由于冷灰斗区段与最大放热区段靠近，接收到最大放热区段大量的辐射热。

6.3 再燃掺烧生物质炉膛分区段计算结果与分析

6.3.1 锅炉基本参数和燃料特性参数

本研究中锅炉的基本参数如表 6-1 所示。

表 6-1 锅炉的基本参数

项目	单位	数值
额定蒸发量	t/h	1000
额定工作压力	MPa	16.7
过热蒸汽温度	℃	540
给水压力	MPa	18.9
给水温度	℃	260
冷风温度	℃	20
热风温度	℃	340
漏风温度	℃	20

本研究中所燃用的煤种和生物质燃料特性参数如表 6-2 所示。

表 6-2 煤质和生物质燃料特性

燃料种类	C_{ar}	H_{ar}	O_{ar}	N_{ar}	S_{ar}	A_{ar}	M_{ar}	$Q_{ar,net}$
	%	%	%	%	%	%	%	kJ/kg
煤	47.36	3.16	7.93	0.7	0.49	26.38	11.0	18110
麦秆	44.65	5.24	40.72	0.28	0.08	1.85	9.02	14934
稻壳	35.34	5.43	35.36	1.77	0.09	16.92	6.00	12480
向日葵壳	45.62	4.42	38.21	0.57	0.00	1.88	9.11	16468

6.3.2 炉膛内温度和吸热负荷分布

以麦秆为再燃燃料，再燃燃料掺烧比例为 15%时，炉膛内沿高度方向各个分区段内温度和水冷壁平均吸热负荷分布如图 6-2 和图 6-3 所示。如图所见，沿着炉膛高度，随着燃料进入炉内着火燃烧、放热，各区段内的平均温度逐渐升高，在强烈燃烧区内炉膛平均温度达到最高。在再燃区内，当再燃生物质颗粒送入高温火焰中，输送燃料的低温气流和燃料与高温火焰混合，火焰温度降低，随着再燃燃料的着火、燃烧、放热，炉内温度开始回升。在燃尽区内，剩余未燃尽的燃料开始燃尽，炉膛内温度升高。在屏区内，随着烟气的不断辐射放热，温度逐渐降低。炉膛各个区段内的平均温度水平直接反映了该区段内火焰的辐射强度，因此沿高度方向上炉膛内水冷壁的平均吸热负荷的变化趋势与温度的变化趋势基本一致。

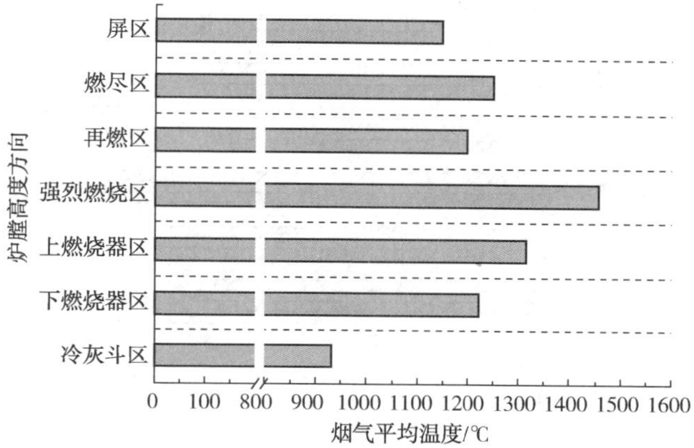

图 6-2 炉膛内温度沿炉膛高度的分布

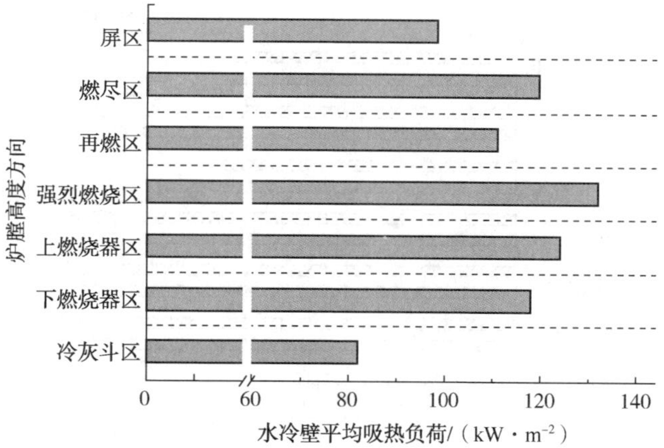

图 6-3 炉膛内吸热负荷沿炉膛高度的分布

6.3.3 生物质燃料种类和掺烧比例的影响

本节研究了生物质参数和掺烧比例对炉膛内温度和吸热负荷分布的影响。选用三种生物质燃料为研究对象：麦秆、稻壳和向日葵壳，其元素分析如表 6-2 所示。在研究中保持掺烧比例为 15%不变，此处的掺烧比例是以生物质燃料的放热量比例来定义的。三种掺烧生物质下炉膛内沿高度方向各个分区段内温度和水冷壁平均吸热负荷分布如图 6-4 和图 6-5 所示。由图可见，当生物质燃料种类变化时，若其入炉放热量维持不变的条件下，炉膛内温度和水冷壁平均吸热负荷变化很小，即受生物质燃料种类的影响很小。

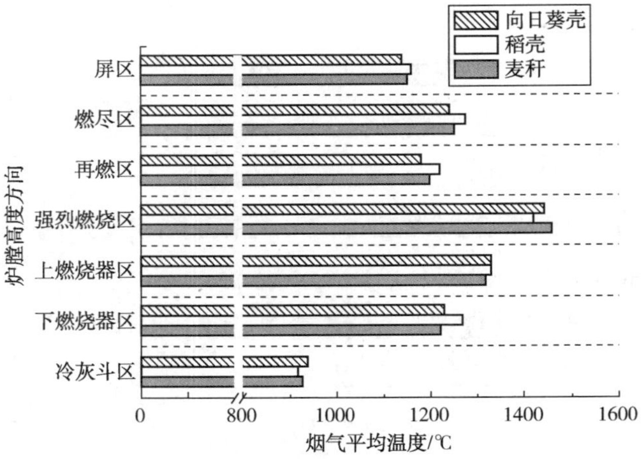

图 6-4　生物质燃料种类对炉膛内温度沿炉膛高度分布的影响

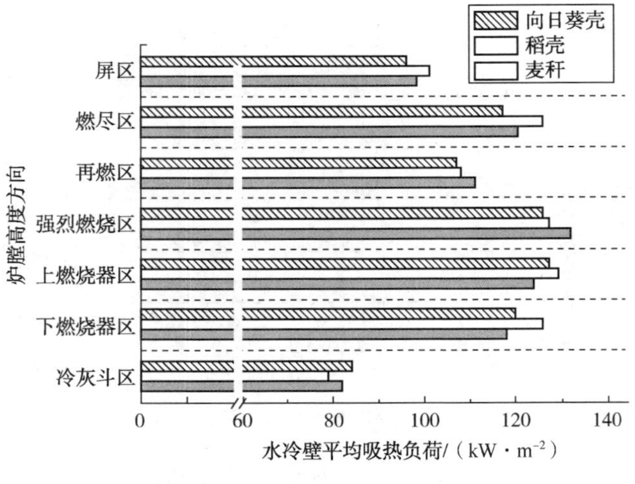

图 6-5　生物质燃料种类对炉膛内吸热负荷沿炉膛高度分布的影响

图 6-6 和图 6-7 给出了掺烧比例对炉膛内各区段温度和吸热负荷分布的影响。选用的生物质燃料为麦秆，研究了三种掺烧比例：10%、15%和 20%。在研究中保持其他运行参数不变，各区段内相对的过量空气系数也维持不变。由图可见，在再燃喷口以下区域，随着掺烧比例的增加，各区段内燃烧温度逐渐降低，这是由于当掺烧的生物质燃料增加时，投入炉膛内的煤燃料减小，煤燃烧放热量

减小，纯燃煤区域内的平均温度降低，同时相应的炉膛水冷壁平均吸热负荷也降低。当再燃燃料喷入炉膛时，再燃燃料量越大，再燃燃料的放热量越多，对应的温度也就越高，炉膛水冷壁平均吸热负荷也就越高。整体来看，随着掺烧比例的增大，炉膛内的火焰中心会呈现上移的趋势，炉膛上部的平均温度和吸热负荷增大，而炉膛下部的平均温度和吸热负荷降低。

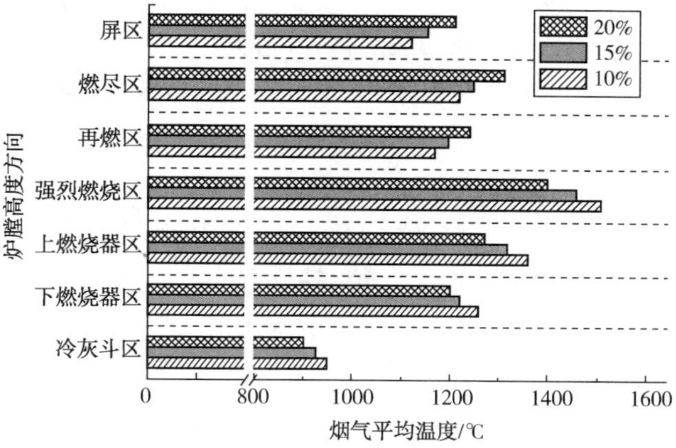

图 6-6 掺烧比例对炉膛内温度沿炉膛高度分布的影响

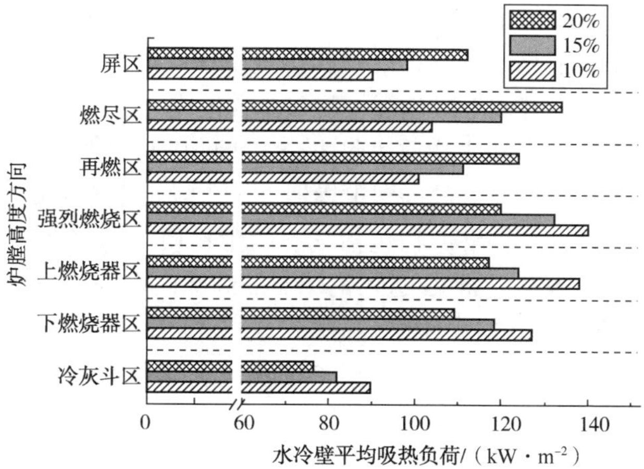

图 6-7 掺烧比例对炉膛内吸热负荷沿炉膛高度分布的影响

6.4 适用于低挥发分燃料掺烧生物质的低 NO_x 燃烧系统

现有的燃煤锅炉掺烧生物质燃料一般有两种技术路线：锅炉直接掺烧和先气化再送入炉内燃烧。对于锅炉直接掺烧，有多种技术实施方案：(1)生物质燃料在给煤机上游与煤预混，在磨煤机中与煤共同磨碎后由原送粉管道送入煤粉燃烧器中进而入炉燃烧；(2)生物质燃料经单独破碎后，输入原磨煤机出口的送粉管道中，与煤粉混合后进入原锅炉燃烧器；(3)生物质燃料经独立粉碎后吹入专用燃烧器中燃烧。

这三种掺烧方式均对燃烧器有较高的设计要求，当锅炉燃用贫煤、无烟煤、兰炭、半焦等低挥发分燃料时，由于着火燃烧困难，以上掺烧方法则对燃烧器提出了更高的要求，甚至仅依靠燃烧器的设计改进并不能满足生产需要。此外，考虑到燃煤锅炉污染物 NO_x 的排放要求，一般均采用空气分级燃烧技术，当采用空气分级燃烧时，控制主燃区过量空气系数小于 1，即燃料是在贫空气条件下着火燃烧的，这样更增大了低挥发分燃料着火燃烧的难度。

对于上述的方案(3)，还有一种方法是将生物质燃料作为再燃燃料送入炉内掺烧，同时降低污染物 NO_x 的排放。这种掺烧方法在燃用低挥发分燃料时不能解决着火燃烧困难的问题，并且再燃燃料一般采用空气作运输介质，减弱了再燃减排 NO_x 的效果。

对于先气化再送入炉内燃烧，这种方法需要为生物质燃料配备气化炉，增加了系统的复杂度和投资成本，气化气作为再燃燃料送入炉内燃烧时，其再燃减排 NO_x 的效果要弱于生物质颗粒。

鉴于此，本研究提出了一种适用于低挥发分燃料掺烧生物质的低 NO_x 燃烧系统与方法，如图 6-8 所示。该系统能够在掺烧生物质燃料时便于低挥发分燃料的着火与燃烧，同时可以有效地减少污染物 NO_x 的生成。

如图 6-8 所示，储存在生物质燃料主仓 1 中的生物质燃料颗粒，如秸秆、树皮、树枝、锯末等，从给料口送入到干燥器 2 中干燥，干燥后的生物质燃料颗粒送入到热解炉 3 中热解，热解产物包括气态的生物质热解气和固态的生物质焦。生物质热解气经由气体燃烧器 13 送入锅炉 5 的炉膛内燃烧，气体燃烧器 13 位于煤粉燃烧器 12 下方或者几层煤粉燃烧器 12 的中间，由于生物质热解气着火燃烧比较容易，利用气体燃烧器喷出的火焰来加热、点燃和稳燃从煤粉燃烧器 12 送入炉膛的低挥发分煤粉，如贫煤、无烟煤、兰炭、半焦等，从而达到锅炉稳定燃用低挥发分燃料的目的，同时也不用对煤粉燃烧器进行较大的设计改动。热解炉 3 中产生的生物质焦送入到生物质焦仓 4 中储存。

热解炉 3 的加热热源来自锅炉 5 的高温烟气：从锅炉 5 尾部烟道的低温烟气抽取点 6 抽取的低温烟气与从锅炉 5 炉膛上部的高温烟气抽取点 7 抽取的高温烟气在烟气混合器 8 中混合，混合后的烟气送入热解炉 3 的加热器中提供生物质燃料热解所需的温度和热量。通过烟气管道上的阀门 9 控制抽取的高温和低温烟气的流量，可以调节进入热解炉 3 的加热器的热源烟气流量和温度，进而控制热解

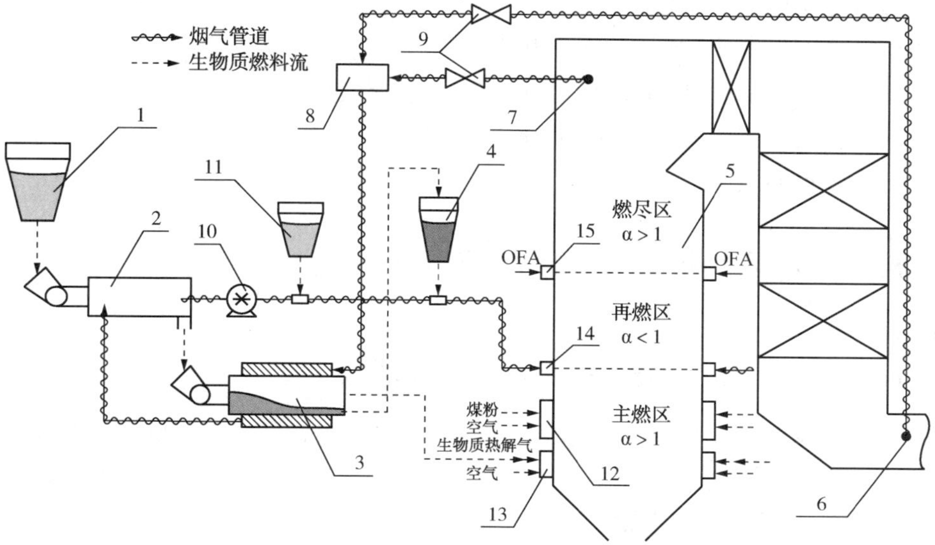

图 6-8　一种适用于低挥发分燃料掺烧生物质的低 NO_x 燃烧系统

1—生物质燃料主仓；2—干燥器；3—热解炉；4—生物质焦仓；5—锅炉；6—低温烟气抽取点；7—高温烟气抽取点；8—烟气混合器；9—阀门；10—风机；11—生物质燃料副仓；12—煤粉燃烧器；13—气体燃烧器；14—再燃燃料喷口；15—燃尽风喷口

炉 3 内的热解工艺温度，从而控制生物质燃料热解时的气、焦产率。热解工艺温度越高，则产生的生物质热解气越多，同时产生的生物质焦越少，反之亦然。当生物质燃料着火稳燃需求加剧时，通过提高热解炉 3 的热解工艺温度来增加生物质热解气的量来增大炉内气体燃料燃烧的放热，这样的设计增大了系统对燃料的适应性和可调节性。

离开热解炉 3 的烟气送入到干燥器 2 中作为热源对生物质燃料颗粒进行干燥，并携带干燥出的水分离开干燥器 2。对生物质燃料颗粒在热解前进行干燥除水能够提高产生的生物质热解气的热值，同时合理利用了烟气的热量。整个烟气管道的压头由位于干燥器 2 出口烟气管道上的风机 10 提供。

从干燥器 2 出口出来的烟气经风机 10 流过生物质焦仓 4 并携带生物质焦由锅炉 5 上的再燃燃料喷口 14 送入炉膛再燃燃烧。此外，从风机 10 出口到再燃燃料喷口 14 这段烟气管道上还设置有生物质燃料副仓 11 来调节和补充送入炉膛的再燃燃料量。由于烟气中氧气浓度低于空气中的氧气浓度，采用烟气来输送再燃燃料能够增强再燃脱硝的效果。

锅炉 5 炉膛按再燃燃料喷口 14 和燃尽风喷口 15 可以分为主燃区、再燃区和燃尽区。锅炉在运行时保持主燃区内的过量空气系数(对喷入主燃区内的燃料而言，包括煤粉和生物质热解气)大于 1，即在氧化性条件下燃烧，与空气分级低氮燃烧技术相比，更有利于低挥发分燃料的着火燃烧；当再燃燃料喷入后，再燃区内的过量空气系数(对喷入炉膛内的所有燃料而言，包括煤粉、生物质热解气和生物质焦等再燃燃料)小于1，使得燃料在贫氧条件下再燃还原污染物 NO_x；最后喷入燃尽风，使得燃尽区内的过量空气系数(对所有燃料而言)大于1，用于炉膛内所有燃料的燃尽。

6.5 旋风炉掺烧生物质的可行性研究

6.5.1 旋风炉掺烧生物质的工程背景

煤炭是我国最主要的一次能源。在我国煤炭资源总量中，有很大一部分属于低灰熔点煤，具体表现在：(1)从现有大型机组运行情况来看，可以粗略认为所有煤质约有半数是在不同程度上属于易结渣类型；(2)从长远看，我国多数主要动力产煤区都富藏灰熔融性很低的煤种；(3)我国无烟煤、贫煤储量丰富，且大多数无烟煤、贫煤属于低灰熔点煤。

此外，我国也是一个农业大国，除煤炭资源外，每年还产出大量的生物质能源。生物质能源不仅总量大，而且可再生，据测算，如果充分利用我国目前的农业生物质资源，每年可新增4.6亿t左右标准煤，能极大补充我国能源缺口。然而，生物质碱金属含量高，灰熔点低，极易在燃烧设备中产生积灰结渣，并且生物质燃烧温度低，不利于高参数、大容量的锅炉利用，极大地阻碍了我国生物质能的开发利用。

针对低灰熔点燃料，美国B&W公司于20世纪40年代最早提出了旋风炉的概念，其最大的特点是燃料在旋风筒内进行高温燃烧和采用液态排渣方式，同时具有较高的捕渣率，一般可达70%~85%，因而能够从根本上解决燃用低灰熔点燃料时产生的锅炉结渣问题。我国煤炭资源及生物质能源的分布特点为旋风炉的发展和应用创造了良好的条件。开展旋风炉领域的研究对充分利用我国丰富的低灰熔点燃料具有重大意义。

6.5.2 旋风炉掺烧生物质的技术可行性分析

生物质燃料具有含水量高、组分复杂、能量密度低、分布较散的特点。在燃煤锅炉中掺烧一定比例的生物质，可以通过改变煤与生物质的比例来调节因为生物质燃料地域性波动、季节性波动和生物质成分差异而产生的影响。因此采用燃煤锅炉掺烧生物质是高效利用生物质资源的有效途径。然而生物质燃料的灰熔点较低，在燃烧时容易在锅炉燃烧设备中产生严重的积灰结渣，这也是制约燃生物质锅炉发展应用的主要因素。旋风炉采用液态排渣，其开发的初衷就是为了燃用低灰熔点燃料，因此应用旋风炉掺烧生物质具有广阔的发展前景。并且在目前的技术背景下，旋风炉掺烧生物质是完全技术可行的，具体分析如下：

（1）防止积灰结渣方面是技术可行的。旋风炉的旋风筒采用销钉水冷壁敷设耐火衬里的结构，在筒内形成独有的高温强旋燃烧，煤和掺烧的生物质灰分在筒内熔融成液态并在旋转气流的离心力的作用下被分离到筒壁形成液态排渣。旋风炉的捕渣率可达70%~85%，仅有剩余15%~30%的灰分随气流进入冷却炉膛形成飞灰，高温烟气流中飞灰含量的大幅度减小能够有效防止炉膛及对流受热面产生严重的积灰结渣。这也是旋风炉较其他炉型所得天独厚的优势。

（2）燃料制备方面是技术可行的。生物质能量密度低，结构疏散且分布分散，不便于运输和储存，不利于送风控制和稳定燃烧，鉴于此，生物质成型颗粒技术逐渐推广应用并形成产业化。研究表明生物质成型颗粒能够用电厂现有的磨煤系统对其进行破碎。我国也有多个成功的生物质粉体燃料生产线，如在湖南常德的一条10t/d的以秸秆为原料的微米燃料生产线已投入运行，所生产的微米燃料粒径小于250μm。立式旋风炉所需燃料为粗煤粉而卧式旋风炉所需燃料为粒径不超过5mm左右的煤屑，因此现有生物质燃料制备工艺完全适合旋风炉对燃料的要求。

（3）着火、燃烧及燃尽方面是技术可行的。旋风炉具有宽广的燃料适应性。我国投运过的旋风炉燃料遍布褐煤、烟煤、贫煤和无烟煤。生物质燃料挥发分含量高，更易于着火燃烧。对于高水分的生物质燃料，可以通过调整掺烧比例或者布置预干燥系统来满足旋风炉的燃烧需要，这在技术层面也是完全可行的。

（4）低污染物NO_x排放是技术可行的。旋风炉由于其高温燃烧的特点，适宜采用高温强还原低NO_x燃烧技术，通过在旋风筒创造高温强还原性气氛，最大限度地将燃烧生成的NO_x还原成N_2，大大降低了污染物NO_x的排放。

（5）旋风炉掺烧生物质工程实例。根据美国B&W公司发布的技术资料，在美国燃煤旋风炉目前已有成功掺烧木片、锯末、树皮等生物质燃料以及城市垃圾、泥浆等废品燃料的工程实例。我国华中科技大学在实验室搭建了纯烧生物质微米燃料的旋风燃烧实验台，结果表明较小粒径的生物质燃料纯烧时可以获得较好的燃烧效果。哈尔滨工业大学提出了一种采用燃煤旋风炉来混烧垃圾焚烧后的飞灰的方法来处理高污染的飞灰以及回收余热的方法。北京中科通用能源环保有限责任公司提出了采用循环流化床锅炉作为一次燃烧室，旋风炉作为二次燃烧室的系统来燃用生物质垃圾的方法。此外，也有部分学者和机构提出了以旋风炉来纯烧生物质或者固废垃圾的设想并申请了专利，但并未大规模推广使用。由此可见旋风炉在纯烧或者掺烧生物质燃料方面具有其独特的优点，其在工程应用中是切实可行的。

旋风炉曾于20世纪50~60年代在我国取得了蓬勃发展，直到70年代，由于燃烧技术的局限和人们环保意识的提高，旋风炉因其较高的NO_x排放而逐渐退出历史舞台。之后在我国只有武汉锅炉厂在坚持发展旋风炉，且以立式旋风炉为主，系列产品额定蒸发量在20~670t/h之间。然而武汉锅炉厂设计制造的立式旋风炉均以煤粉为燃料，截至目前尚未见到其掺烧生物质的报道。

燃煤锅炉掺烧生物质技术在我国的发展已经日趋成熟，目前已有不少成功运行的工程实例，然而采用燃煤旋风炉来掺烧生物质在我国尚属新兴技术，仍有一些问题需要研究解决，具体如下：

（1）生物质燃料的预处理。生物质燃料种类繁多，一般就地取材，不宜远距离运输。在送入旋风炉中掺烧时，不同的生物质燃料所要求的颗粒粒径不同。有的仅需要打碎即可，而有的可能需要研磨成粉。根据燃料的种类及所需的掺烧粒径，选择或者开发相应的生物质预处理工艺流程，包括生物质燃料的收集、运输、加工及储存。

（2）生物质燃料掺烧比例的确定。掺烧比例对旋风炉混烧的着火、燃烧、燃尽、污染物排放、飞灰颗粒物化性质等都有较大影响，同时也会影响燃料粒径的选择。因此，掺烧比例是影响旋风炉混烧效果最为重要的一个因素，需要根据生物质种类从多个方面综合研究确定。

（3）混烧形式的确定。旋风炉掺烧生物质燃料时，生物质颗粒可以与煤预混后从一次风口协同喷入旋风筒内，也可以单独从二次风口随二次风切向进入混烧。不同的混烧形式会有不同的燃烧效果，需要择优确定。

（4）旋风炉掺烧生物质联合给料系统开发。煤和生物质燃料送入旋风筒之前可能都要经过研磨、干燥和输送，根据混烧形式开发出优化的煤-生物质联合给料系统也是该技术的一项重要内容。

（5）旋风炉受热面的腐蚀问题。生物质燃料中碱金属元素和氯元素含量较高，在大比例掺烧时可能会造成受热面管壁的腐蚀问题，需加以预防。

6.5.3 旋风炉掺烧生物质的经济可行性分析

当前，世界能源发展日益呈现出多元化、低碳化、智能化和分布式等特征。未来全球能源消费结构中太阳能、风能、地热能和现代生物质能等可再生能源的占比将不断增加。其中，可再生能源中现代生物质能具有分布广、可再生、低污染和碳中性等优点，被认为是21世纪最有前途的绿色可再生能源之一。根据《生物质能发展“十三五”规划》的统计，全国可作为能源利用的农作物秸秆及农产品加工剩余物、林业剩余物和能源作物、生活垃圾与有机废弃物等生物质资源总量每年约4.6亿t标准煤。截至2015年，生物质能利用量仅约3500万t标准煤。生物质能发电是生物质能利用的重要方面，2015年我国生物质发电总装机容量约1030万kW。《可再生能源发展"十三五"规划》提出，到2020年，我国生物质发电总装机容量将达到1500万kW，年发电量将超过900亿kW·h。

大力发展生物质能对改善世界一次能源结构、缓解能源供需矛盾、减少温室气体排放和保护生态环境等方面都具有重大意义。对于我国，大力发展生物质能发电技术可以有效促进生物质能的转化和利用，在提倡节能减排、新能源开发利用和建成小康社会的背景下，大力推广生物质能源应用技术，不仅有利于治理农业面源污染，优化农村环境，还能有效缓解能源短缺，促进经济社会可持续发展，对推进社会主义现代化建设，构建和谐社会具有重要的现实意义。

生物质能源储量丰富，能极大补充我国能源缺口。但由于其灰熔点低，易对锅炉设备造成积灰结渣，极大地限制了生物质资源在我国的高效利用。采用旋风炉掺烧生物质能够有效地防止锅炉设备的积灰结渣，同时降低污染物 NO_x 的排放，这在技术上是切实可行的。该项技术的开发，对推广生物质能源的应用及促进经济社会可持续发展具有重要意义。

6.6 本章小结

本章以大型燃煤火力发电厂锅炉为研究对象，将掺烧生物质燃料与锅炉炉膛燃料分级低 NO_x 燃烧技术相结合，根据炉膛内燃烧过程的特点，对炉膛进行分区段热力计算，进而获得沿锅炉炉膛高度的烟气温度分布和炉膛水冷壁的热负荷分布规律，发现沿着炉膛高度，各区段内的平均温度逐渐升高，在强烈燃烧区内炉膛平均温度达到最高。在再燃区内，当再燃生物质颗粒送入炉内后火焰温度先降低后升高。在燃尽区内，OFA喷入炉内后温度升高。沿高度方向上炉膛内水冷壁的平均吸热负荷的变化趋势与温度的变化趋势基本一致。炉膛内温度和水冷壁平均吸热负荷随生物质燃料的变化很小。在再燃喷口以下区域，随着掺烧比例的增加，各区段内燃烧温度逐渐降低。而在再燃喷口以上，随着掺烧比例的增加，温度和炉膛水冷壁平均吸热负荷提高。之后结合生物质燃料的特点，提出了一种高效低污染掺烧低挥发分煤种的方法，并对旋风炉掺烧生物质进行了可行性分析，发现在旋风炉中进行生物质掺烧是可行的，具备技术发展前景。

7 旋风炉传热性能计算方法研究

本章以旋风炉为研究对象，首先讲述了旋风炉传热性能计算的特点和概况，通过对现有六种旋风炉传热性能计算方法进行总结、概括和对比，对旋风炉传热性能计算方法展开研究。第六种计算方法比其他几种方法都要合理而严整，它考虑了旋风炉传热的特点，是迄今旋风炉传热计算中最为完善的一种。考虑到低 NO_x 排放的要求，在旋风炉内需要进行空气分级燃烧，空气分级燃烧时整个旋风炉内的炉膛传热特性都会发生变化。本书在第六种计算方法的基础上，考虑空气分级的特点，提出了新型旋风炉修正的传热性能计算方法，所提的计算方法能够为新型旋风炉的设计和改造提供指导。

7.1 旋风炉的传热性能计算

7.1.1 旋风炉的基本概念

空气带动燃料颗粒在圆筒内旋转燃烧时称为旋风燃烧，组织这种燃烧方式的设备称为旋风炉。旋风炉中主要进行燃烧的圆筒称为旋风筒，如图 7-1 所示。旋风炉最早由美国 B&W 公司于 20 世纪 40 年代提出，通常有一只或数只旋风筒，由于旋风筒内具有很高的燃烧温度(通常 1650℃以上)和燃烧强度，使得燃烧形成的渣熔化并且粘附在筒壁上形成液态渣膜，液态渣排出筒外形成液态排渣。煤粉颗粒在旋风筒内燃烧时，较大的煤粉颗粒由于离心力的作用会粘附在旋风筒内壁上的这层熔渣膜上，形成所谓的“渣膜燃烧”，而挥发分和较细的煤粉在旋风筒中进行悬浮燃烧。由于液态渣膜的存在，使燃料颗粒受到较大的阻力，从而旋转和前进的速度大大减慢，延长了燃料在筒内的停留时间[195-200]。

旋风筒中燃烧所产生的高温烟气，全部进入锅炉的冷却炉膛，在冷却炉膛内进一步燃尽和冷却，如图 7-2 所示。由于燃烧主要是在旋风筒内完成的，锅炉的主炉膛与煤粉锅炉相比可以相对减小。旋风炉主要有立式旋风炉和卧式旋风炉两种类型。立式旋风炉按照旋风筒与主炉膛的布置方式，又有前置式和下置式之分。

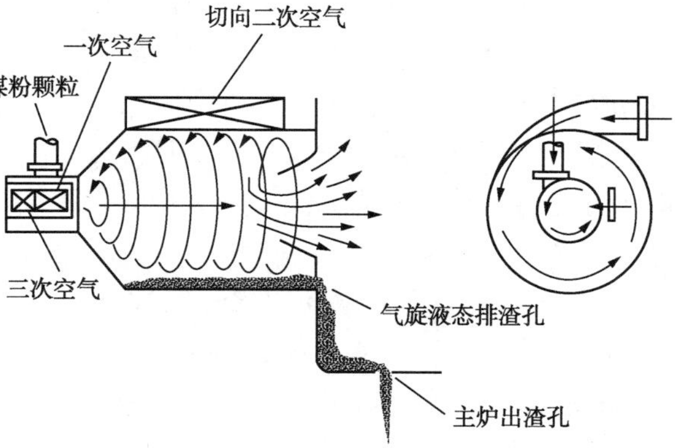

图 7-1 旋风筒的结构简图

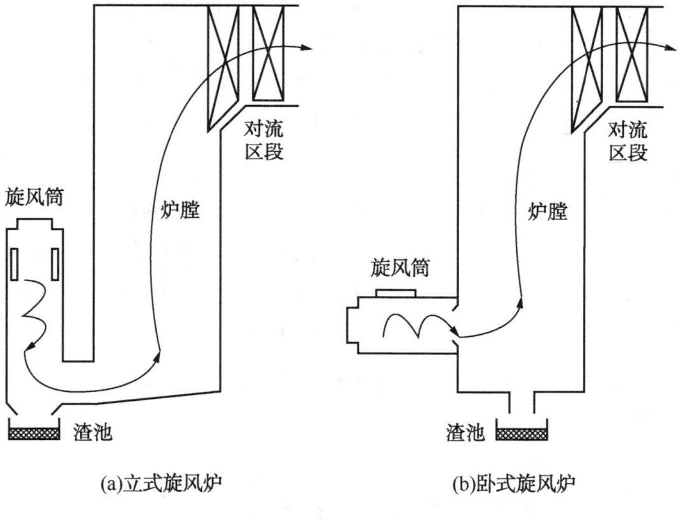

图 7-2 立式和卧式旋风炉热力系统布置简图

7.1.2 旋风炉传热性能计算的特点及概述

锅炉炉内热交换过程是同时伴随着燃烧过程的一种复杂换热过程。就旋风炉炉内热交换过程而言，除了与其他燃烧方式的相应过程有共同点外，还有自身的特点。对于旋风室(对立式即为前置炉，对卧式即为旋风筒)，由于高速火焰流直接冲刷受热面，所以炉内对流换热分量已不容忽略；再则，旋风室内火焰流程上最高温度位置，与一般室燃炉不同，往往在炉室出口附近。这些特点在研究旋风炉炉内过程时是必须予以考虑的。

旋风炉炉膛出口烟窗后的对流受热面的传热与常规煤粉锅炉并无较大差异，

即对流受热面的计算与一般锅炉相同，其对流受热面的传热计算可沿用常规煤粉锅炉对流受热面的传热计算方法，即苏联 73 热力计算标准方法或俄罗斯 98 热力计算标准方法中的相关算法。因此炉内的传热计算方法是旋风炉热力计算方法研究的主要问题。液态排渣炉和旋风炉的炉内传热计算方法很多，而与固态排渣炉相比，迄今还不够十分完善，从已发表的关于液态排渣炉和旋风炉的炉内传热计算方法来看，大体上可分为两个体系[199]：

(1) 从鲁宾(M. M. Рубин)建议将古尔维奇(A. M. Гурвич)用于炉膛传热的基本公式的一些系数进行修正，作为液态排渣炉的换热计算式，之后又有勃洛赫(A. Г. Блох)、米罗诺夫(Б. M. Миронов)、古尔维奇等进行了试验研究工作，对古尔维奇用于炉内传热的基本公式作了几次修正，并提出了其他形式的计算公式。

(2) 从利丁内格(M. Ledinegg)根据努塞尔特(W. Nusselt)关于液膜沿垂直平壁向下流动的理论，确定液态渣膜厚度，以进行炉内换热计算。之后又有雷德(W. Reid)、科南(P. Conen)、多利查尔(R. Dolezal)、顿斯基(B. Д. Дунский)、马尔沙克(Ю. Л. Маршак)等考虑了灰渣的物理特性，黏度变化，温度分布等因素进行了大量工作，并在立式前置式旋风炉上进行了一系列试验研究工作。苏联 1973 年出版的《锅炉机组热力计算标准方法》中，关于双室炉的传热计算方法，基本上是根据这些试验研究的成果，并采用全苏热工研究所—科学院动力研究所(BTИ-ЭНИН)单室炉传热计算方法中的若干原则和计算组合而成的计算方法。

这两种体系中的后者考虑了旋风炉的燃烧特点，根据熔渣膜壁面换热过程而建立的理论分析方法，是迄今旋风炉传热计算中较为严整的一种，推荐采用这种方法进行旋风炉的传热计算。

7.2 旋风炉传热性能计算方法总结

7.2.1 第一种计算方法

旋风室的出口无因次烟温按公式(7-1)计算[199]：

$$\theta = \frac{\left(\dfrac{Bo}{a_1}\right)^{0.6}}{A + \left(\dfrac{Bo}{a_1}\right)^{0.6}} \tag{7-1}$$

式中 A——系数，取 0.37；

a_1——炉室黑度；

Bo——波尔兹曼准则数。

在计算燃尽室时，燃尽室与旋风室合并计算，在计算中仍然应用式(7-1)无因次准则，式中的系数 *A* 不变。在计算冷却室时，旋风室、燃尽室和冷却室合并计算，仍应用式(7-1)无因次准则，式中系数 *A* 改取 0.54。

这种计算方法是将古尔维奇的计算固态排渣炉炉内换热计算的基本公式，经过修正应用在旋风炉炉内传热计算的。将旋风炉炉内的燃烧特点笼统地概括在系数 *A* 中，对于燃烧工况不同的旋风室和燃尽室，认为其传热情况相似。实际上这两个燃烧室的燃烧工况是有差异的，特别是将捕渣管束也包括在内。对燃尽室来说，在正常工况下，烟气入口温度显然低于旋风室，因而传热情况应该单独计算。因此这种计算方法缺乏足够的实践经验和理论分析，不能分别考虑各室的燃烧工况。

7.2.2 第二种计算方法

第一种计算方法旋风室(包括燃尽室)的传热计算公式只符合于炉膛出口无因次温度小于 0.9 的情况，而多室液态排渣燃烧室和旋风燃烧室的实际运行表明，有出口无因次烟温大于 0.9 的工况。因此必须推求另外形式的旋风炉炉内传热计算公式[199]：

$$q = K\psi^{3}\sqrt{a_{1}{}^{2}Bo}\left(\frac{T_{a}}{1000}\right)^{4} \tag{7-2}$$

式中 K——系数；

T_a——理论燃烧温度，K；

ψ——水冷壁热有效系数。

冷却室传热按式(7-3)计算：

$$q_{lq} = m\psi a_{\psi}\sigma_{0}T_{lq}^{4} \tag{7-3}$$

式中 m——修正系数；

T_{lq}——冷却室进、出口算术平均烟温，K；

a_{Ψ}——冷却室火焰有效黑度，按三原子气体及灰粒辐射计算。

这种方法根据古尔维奇和勃洛赫所提出的准则推导出的计算公式，其中系数 *K* 只是根据少量几台炉上的试验数据而得，特别是冷却室计算的传热试验数据更少，缺乏更多的试验数据以验证其准确度。

7.2.3 第三种计算方法

第三种计算方法中旋风室的出口烟温可按式(7-4)或式(7-5)计算[199]：

$$q = 18.8\psi\sqrt[3]{a_{1}{}^{2}Bo}\left(\frac{T_{a}}{1000}\right)^{4} \tag{7-4}$$

或

$$\theta'' = 1 - 0.33\sqrt[3]{\left(\frac{\psi a_1}{Bo}\right)^2} \tag{7-5}$$

第三种计算方法是在一台卧式旋风炉上燃烧气煤煤屑试验整理而得，因此在应用时需要考虑它的局限性。

在多燃烧室中，由于燃烧过程的特点，燃料在进入冷却室已燃尽，并且由于旋风室及捕渣管束的高捕渣能力，进入冷却室已是较清洁气流的气体容积辐射。这样冷却室可按固态排渣炉的公式计算，即：

$$\vartheta''_{lq} = \frac{T_a}{A\left[\frac{5.7\times10^{-11}\zeta H_f a_1 T_a{}^3}{\varphi B_p (Vc)_{cp}}\right]^{0.6} + 1} - 273 \tag{7-6}$$

燃尽室可按液态排渣炉炉内换热公式计算，火焰黑度按半发光火焰考虑(含有焦炭粒子和灰粒的火焰称为半发光火焰)。对于第三种计算方法，对旋风炉三个炉室的计算，是根据试验数据的分析而采用的一种拼凑式计算方法，不够严密和完整。

7.2.4 第四种计算方法

第四种计算方法中双室炉内传热计算是将所有的炉室都作为整体来看待。由于冷却室的传热计算经验不足，因此是按炉内总吸热量与旋风室(包括燃尽室)及捕渣管束吸热量之差来确定的。

将旋风炉各室作为整体处理，采用单室固态排渣炉换热计算基本公式直接计算冷却室出口无因次烟气温度[199]：

$$\theta''_1 = \frac{Bo^{0.6}}{Ma_1{}^{0.6} + Bo^{0.6}} \tag{7-7}$$

根据试验结果，卧式旋风炉参数 M 取 0.47，对于立式前置式旋风炉参数 M 取 0.53。由于双室炉中燃烧激烈区在前置炉或旋风室，所以这种方法仍能满足火焰中心应靠前的要求，因此仅就计算冷却室出口烟温来讲，这种方法也具有一定的可信程度。

确定旋风室(对卧式旋风炉，包括燃尽室在内作为一体)的出口烟温时，根据试验结果建议应用式(7-8)：

$$\theta''_x = \frac{Bo^{0.6}}{0.40 + Bo^{0.6}} \tag{7-8}$$

从形式上讲，沿用了仅计及辐射传热量的单室炉公式。由于炉内最高释热区的炉室黑度总是很接近于1，所以简化掉这一因子。这种方法不能区别普通双室炉前室和旋风室形式的不同，不计及燃烧室对流换热分量的大小，不考虑燃烧室内火焰最高温度相对位置的前后，笼统地给定一种经验关系，因而比较粗略。

捕渣管束的传热计算式是根据能量平衡方程导出的，它考虑到了捕渣管束处于炉内最大释热区，管束对火焰流扰动强烈，因而使燃尽度往往有较大幅度的提高。管束出口烟温按下式确定：

$$\vartheta'' = \frac{2\Delta\beta B_p D_D^y}{2B_p(Vc)'' + \alpha_d F} + \vartheta'\left[\frac{2B_p(Vc)' - \alpha_d F}{2B_p(Vc)'' + \alpha_d F}\right] + t_{zm}\frac{2\alpha_d F}{2B_p(Vc)'' + \alpha_d F} - \left[1 + \left(\frac{T''}{T'}\right)^4\right]\frac{\sigma_0 a_{gj} T'^4 \psi F}{2B_p(Vc)'' + \alpha_d F} \tag{7-9}$$

式中 $\Delta\beta$——燃料未燃尽部分在管束中的燃尽增量；

ψ——捕渣管束的热有效系数；

α_d——烟气对管束的对流放热系数，$W/(m^2 \cdot K)$；

a_{gj}——管间黑度；

t_{zm}——捕渣管渣膜表面温度，℃。

式(7-9)是根据能量平衡方程而导得的，由于捕渣管束一般处于或毗近炉内最大释热区，加上管束的扰动作用，则常使火焰流经管束时燃尽度有所提高，往往烟温不低于管束前水平。

上述一到四这 4 种计算方法基本上是以古尔维奇炉内传热计算基本公式经过修正后用于旋风炉的。古尔维奇基本公式是根据描述炉内燃烧传热过程的方程式以相似法则整理出相似准则，根据试验和理论分析忽略了若干准则，经过简化，建立了无因次温度与波尔兹曼准则函数关系而进行炉内传热计算。

在这个基本公式的推导过程中，被忽略的准则中包括雷诺数准则 *Re*。*Re* 准则是说明气流运动情况和对流传热现象的。旋风室内扰动强烈，对流传热所占份额已不容忽视，然而在以上的计算公式里都没有考虑对流换热。斯托克斯准则 *St* 也是被忽略的准则之一，将影响到炉室黑度。在旋风室内，分离到筒壁的大颗粒煤粉(或煤屑)，附壁颗粒密度大，对火焰的容积辐射有影响，而且又常有渣膜温度高于介质的局部地方。而这些因素都被忽略，从这些方面来看采用古尔维奇基本公式加以修正的方法来计算旋风室内的传热尚不够严密。

7.2.5 第五种计算方法

第五种计算方法是根据在立式前置式旋风炉上进行的试验得出 $\theta_q = f(Bo)$ 的关系建立的，它在 *Bo* 准则数在 1.2~4.3 范围内可以较精确地表示为[199]：

$$\theta_q = \frac{T''_q}{T_a} = 1 - e^{-E\sqrt{Bo}} \tag{7-10}$$

式中 T''_q——旋风室出口烟温，K；

E——经验系数，对于立式前置式旋风炉取 1.1，对于卧式旋风炉取 1.0。

捕渣管束按对流换热的基本原理用下式计算：

$$Q_{bz} = \frac{(\omega\alpha_d + \alpha_f)(H_{g+bz} - \sum H_{ych})(\theta_{pj} - t_{zm})}{B_{p\cdot ql}} \times 10^{-3} \tag{7-11}$$

式中 α_d——烟气向管壁的对流放热系数，$W/(m^2 \cdot K)$；

α_f——烟气向管壁的辐射放热系数，$W/(m^2 \cdot K)$；

ω——利用系数；

$B_{p\cdot ql}$——旋风室计算燃料消耗量，kg/s；

θ_{pj}——管束中烟气平均温度，℃；

t_{zm}——管束渣膜外表面温度，℃；

$\sum H_{ych}$——旋风室出口和过渡烟道出口烟窗面积，m^2；

$\sum H_{g+bz}$——过渡烟道及捕渣管束的受热面积，m^2。

冷却室的平均热流密度是按两平行平面的传热方程来确定的：

$$q_2 = 5.7 \times 10^{-11} a_{1\cdot zs} \xi_1 (T_\varphi{}^4 - T_b{}^4) \tag{7-12}$$

式中 ξ_1——修正系数，考虑壁面反射对传热系数的影响；

$a_{1\cdot zs}$——炉室折算黑度；

T_φ——炉内介质有效温度，K。

第五种计算方法是在试验基础上总结出的立式前置式旋风炉传热计算方法，可以简便地确定旋风室出口的烟温，但这种方法毕竟是一种经验公式，不能揭示出前置室内传热过程的本质。

7.2.6 第六种计算方法

第六种计算方法考虑了旋风燃烧方式的特点，在理论分析的基础上确立了炉室内火焰温度降的计算方法，它是从基本的热平衡出发，通过对敷有熔渣膜壁面传热过程的理论分析而建立的[26,199]。对于卧式旋风炉，原则上吻合，但在一些参量的具体确定过程中，由于两种炉型存在着差异，还是有一些不适应的情况。例如旋风室内渣膜平均厚度的确定，对于卧式旋风炉不能给予渣膜厚度的物理意义，仅可当作计算传热热阻的表征厚度。为了简化，假设在捕渣管束处燃料的燃尽过程不进行。

传热方程式：

$$Q_f = (5.7 \times 10^{-11}) \frac{a_{1\cdot zs} H_f}{B_p} (T_\varphi{}^4 - T_\varepsilon{}^4) \tag{7-13}$$

式中 T_ε——辐射受热面污壁温度，K；

H_f——辐射受热面积，m^2；

B_p——计算燃料消耗量，kg/s。

热平衡方程式：

$$Q_f + Q_d = \varphi(Q_T - I''_T) \tag{7-14}$$

式中 Q_T——炉内有效放热量，kJ/kg；

φ——保热系数；

I''_T——炉室出口烟气焓，kJ/kg；

Q_d——卧式和立式旋风炉必须计及，kJ/kg。

旋风室内介质有效温度按式(7-15)计算：

$$T_\varphi = 0.925\sqrt{T_a T''_T} \tag{7-15}$$

式中 T_a——旋风室内绝热燃烧温度，K；

T''_T——旋风室出口处烟气温度，K。

渣膜中的无因次温压为：

$$\Lambda_{zm} = \frac{t_{zm} - t_0}{T_\varphi} \tag{7-16}$$

式中 t_{zm}——液态渣膜外表面温度，℃；

t_0——渣的临界温度（真正变为液态时的），℃。

渣的黏度特性为：

$$\varphi = \frac{\ln\dfrac{\mu_0}{\mu}}{t - t_0} \tag{7-17}$$

式中 μ_0——在临界温度 t_0 下渣的动力黏度，Pa·s；

μ——在温度 t 下渣的动力黏度，Pa·s。

表征渣膜厚度的参数 A 为：

$$A = 0.467\sqrt[3]{\frac{G_0\mu_0 a_z}{\rho_z^2 u p_z}} \tag{7-18}$$

式中 G_0——带进前置炉的灰量，kg/s；

a_z——捕渣系数；

ρ_z——渣的密度，取 2400kg/m^3；

u——旋风筒与渣接触的湿周长，m；

p_z——无因次系数。

对于旋风炉在作旋风室的传热计算时必须计及对流传热量。对流传热系数可据前置炉燃烧的强化程度按以下经验关系式确定：

$$\alpha_d = 3.954 w_B \tag{7-19}$$

式中　w_B——燃烧器(喷嘴)出口处的二次风速，m/s。

对流传热量为：

$$Q_d = \frac{\alpha_d H_f(T_\varphi - T_\varepsilon)}{B_{p \cdot ql}} \times 10^{-3} \tag{7-20}$$

燃烧室中辐射受热面的污染壁温 T_ε 取为液态渣膜的外表面温度。联立求解传热方程式和热平衡方程式即可求得旋风室的出口烟温。

在旋风室的末端处的温度超过1700℃时需要考虑和三原子气体分解有关的热耗量 Q_{fj}，按式(7-21)计算：

$$Q_{fj} = 12636 a_{CO_2} V_{CO_2} + 10798 a_{H_2O} V_{H_2O} \tag{7-21}$$

式中　12636、10798——CO 和 H_2的低位燃烧热，kJ/Nm^3；

a_{CO_2}、a_{H_2O}——二氧化碳和水蒸气的分解程度；

V_{CO_2}、V_{H_2O}——烟气中二氧化碳和水蒸气的容积，Nm^3/kg。

这时应在计算得到的燃烧室末端处的温度减去下值：

$$\Delta\vartheta = \frac{Q_{fj}}{(Vc)''_T} \tag{7-22}$$

捕渣管束的传热量按下式计算：

$$Q_{bz} = \frac{(\alpha_d + \alpha_f) H(\theta_{cp} - t_{zm \cdot bz})}{B_{p \cdot ql}} \times 10^{-3} \tag{7-23}$$

式中　α_d——对流放热系数，$W/(m^2 \cdot K)$，按烟气横向冲刷错列光管管束时的对流放热系数计算；

α_f——辐射放热系数，$W/(m^2 \cdot K)$，按对流受热面管间辐射的辐射放热系数计算公式计算；

H——捕渣管束的受热面积，按包覆有炉衬的管子外径计算，并加上管束区域内的炉墙、炉底和炉顶的平面面积；

$t_{zm \cdot bz}$——液态渣膜表面温度，℃，取比旋风室中渣膜温度低100℃；

θ_{cp}——烟气平均温度，℃。

旋风炉冷却室的传热计算中所用的传热方程式和热平衡方程式与旋风室中的方程式相同，即式(7-13)和式(7-14)。

冷却室内介质有效温度按式(7-24)计算：

$$T_\varphi = 1.05 T''_T \tag{7-24}$$

式中　T''_T——冷却室出口烟气温度，K。

烟气在进入冷却室时的焓即为冷却室内的有效放热量，按式(7-25)计算：

$$I' = Q_p \frac{100 - q_3 - q_4 - q_6}{100 - q_4} + Q_B - \frac{B_{p \cdot ql}(Q_{f \cdot ql} + Q_{d \cdot ql})}{\varphi B_p} Z_{ql} - \frac{Z_{ql} B_{p \cdot ql} Q_{bz}}{\varphi B_p} \tag{7-25}$$

式中 q_3——对整个炉膛而言的化学未完全燃烧热损失,%;

q_4——对整个炉膛而言的机械未完全燃烧热损失,%;

B_p——对整个炉膛而言的计算燃料消耗量, kg/s;

$Q_{f \cdot ql}+Q_{d \cdot ql}$——旋风室中的传热量, kJ/kg;

Q_{bz}——传给捕渣管束的热量, kJ/kg;

Z_{ql}——投运的旋风筒个数;

Q_B——由空气带入炉内的热量, kJ/kg。

冷却室中辐射受热面的外表面(污染)温度 T_ε 按式(7-26)确定:

$$T_\varepsilon = T_{cp} + \left(\varepsilon + \frac{1}{\alpha_2}\right)\frac{B_p Q_f}{H_f} \times 10^3 \tag{7-26}$$

式中 T_{cp}——介质平均温度, K;

α_2——壁对于内部介质的放热系数, W/(m^2·K);

Q_f——辐射受热面的吸热量, kJ/kg;

ε——管子外表面污垢层或者是耐火涂料层以及销钉式水冷壁上渣层的热阻。

联立求解传热方程式和热平衡方程式即可求得冷却室的出口烟温。

第六种计算方法顾及了旋风炉的特点, 分析过程比较简捷, 是迄今为止最为完善的旋风炉传热性能计算方法。

以上 6 种旋风炉传热性能计算方法都是针对旋风炉炉膛, 而对流受热面的传热性能计算方法与一般锅炉完全相同, 可以直接沿用。

7.2.7 各种计算方法比较

利用 7.2 节所述的计算方法四、五、六对一台 75t/h 立式前置式旋风炉, 燃用贫煤, 采用热风送粉, 乏气送入二次室的系统进行炉膛传热性能计算, 不同计算方法的结果如表 7-1 所列。

表 7-1 旋风炉不同炉内传热性能计算方法结果对比

计算方法	烟气出口温度/℃		
	前置室(旋风室)	捕渣管束	冷却室
第四种计算法	1607	1550	909
第五种计算法	1699	1600	1020
第六种计算法	1688(1730)[a]	1605	975
实际运行统计数据	1670	1540~1620	1000~1050

[a] 计算的前置室出口烟温为 1730℃, 因为烟温在出口处超过 1700℃, 考虑三原子气体分解的热耗量为 42℃, 故降低至 1688℃。

由上表可见，第五种计算方法计算出的前置室和捕渣管束后的烟温接近第六种计算方法的计算值，而第四种方法的计算结果普遍较低，虽然还缺乏燃用计算煤种时的实测数据做比较，不过从实际运行统计数据来比较，按第四种方法计算，其结果也是偏低的。

综上所述，第六种计算方法比其他几种方法都要合理而严整，它考虑了旋风炉传热的特点，是迄今旋风炉传热计算中最为完善的一种，特别是对于立式前置式旋风炉。第五种计算方法可作为参考方法，即可用于辅助校核第六种计算方法的计算结果。

7.2.8　旋风炉传热性能计算流程

旋风炉的设计计算与一般锅炉相同，都是按总体布置要求，先确定受热面，然后再用校核计算的方法确定各部件的受热面，当新设计锅炉机组时，也是采用这种方法。旋风炉传热性能计算的一般流程如下：

（1）给定旋风炉主要参数，燃用煤种的元素分析、燃料的灰熔点、黏度-温度曲线或灰成分的分析数据；

（2）布置旋风室、捕渣管束和冷却室受热面，计算几何尺寸；

（3）计算制粉系统的有关数据，当采用热风送粉并把乏气(干燥剂)从燃烧器以外的喷口喷入冷却室时，应通过制粉系统计算，给出用于干燥燃料的热空气量和包括烟气在内的干燥剂量；

（4）确定旋风室(包括捕渣管束)及冷却室出口的过量空气系数，并选定各烟道的漏风系数，以确定各烟道的过量空气系数；

（5）预先估计排烟温度及热空气温度，并进行锅炉热平衡计算，以此确定热损失、锅炉机组的效率以及燃料消耗量；

（6）旋风室传热性能计算；

（7）捕渣管束传热性能计算；

（8）冷却室传热性能计算；

（9）对流受热面(过热器、再热器、省煤器、空气预热器)的传热性能计算。

7.3　新型旋风炉传热性能计算方法修正

7.3.1　新型旋风炉的提出

旋风炉作为众多锅炉类型中的一种，具有其独特的功能与优势。从第一台旋风炉问世至今也已经过了 70 多年，图 7-3 总结了旋风炉在这些年中的发展历程。

自20世纪40年代B&W公司第一次提出旋风炉的概念后，旋风炉开始在世界上蓬勃发展。到20世纪60年代，美国、苏联、西德、中国等国家都装备了旋风炉，总容量达65000t·h^{-1}，尤其以美国居多。我国旋风炉的发展最早始于20世纪50年代，由清华大学、浙江大学建立了卧式旋风炉试验台开始的。之后我国的武汉锅炉厂、上海锅炉厂、哈尔滨锅炉厂等锅炉制造厂开始陆续研发制造旋风炉，经过长期的实践，我国已经逐渐掌握了这一燃烧技术[200]。

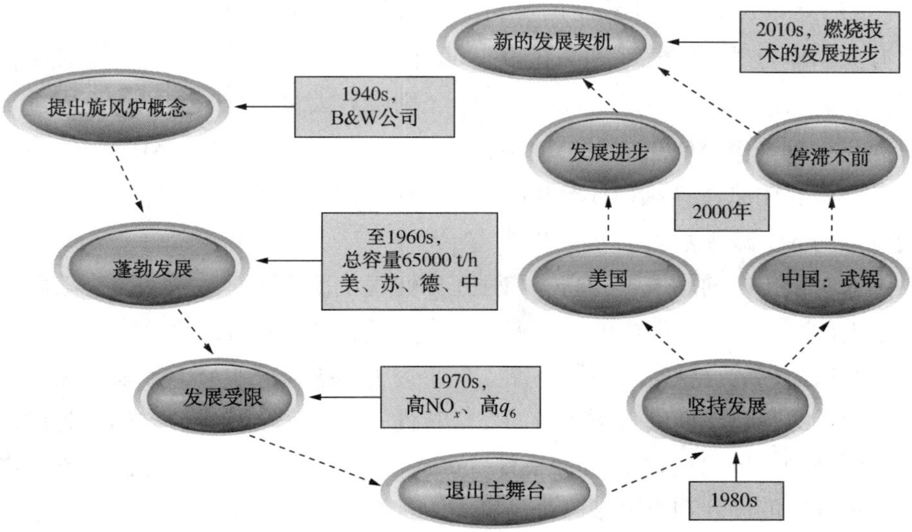

图7-3　旋风炉的发展历程

随着人们环保意识的提高以及大容量锅炉技术的发展，旋风炉因为较高的NO$_x$排放和灰渣物理热损失而逐渐退出了主舞台。到20世纪70年代末，包括我国在内的很多国家都渐渐放弃了继续发展旋风炉，改而主攻其他炉型。之后只有美国仍然坚持发展旋风炉，技术也在不断发展进步，时至今日美国依然是世界上装备旋风炉数量最多、总容量最大的国家，总装机容量达26000MW。而我国绝大部分锅炉厂都停止了旋风炉的制造，只有武汉锅炉厂仍生产新的旋风炉投入市场，但都是一些小容量锅炉且关键技术大多沿用以前的技术，改进较小，即我国的旋风炉技术基本停滞不前。近年来，人们对煤燃烧过程中污染物NO$_x$生成与还原机理的认识越来越深刻，相应地锅炉的低NO$_x$燃烧技术也不断进步，这为旋风炉提供了新的发展契机[201-206]。

旋风炉也向着高参数、大容量的方向发展。目前世界上最大的旋风炉安装在美国，装配有23个卧式旋风筒，单筒发电功率50MW，筒径3m，锅炉容量

1150MW[18]。而世界上最大的立式旋风炉则由苏联的技术人员设计，燃用无烟煤的直流锅炉，蒸发量达2500t·h^{-1}，前后墙对称布置有16个立式旋风筒，单筒发电功率50MW，筒径3.25m，锅炉容量800MW[200]。我国最大的旋风炉为哈尔滨锅炉厂设计生产的配200MW发电机组的670t·h^{-1}超高压立式旋风炉，设计燃用无烟煤[200]。

旋风炉的高NO_x排放是由旋风筒内的高温燃烧引起的。然而温度并不是决定NO_x生成的唯一因素，对于给定的燃料而言，其燃烧生成的NO_x量还与空气的相对量有关，即与过量空气系数α有关。近年来的研究[134,180,181,183,207-225]表明，煤在高温燃烧条件下，若过量空气系数$\alpha>1$，则会有大量的NO_x生成；而当过量空气系数$\alpha<1$时，其NO_x生成量会减小，并且温度越高，α越小，NO_x生成量越小，即煤在高温强还原性气氛（HT&SR）下燃烧NO_x生成量会显著减小，这在原理上为旋风炉的NO_x减排指明了方向[179,183,216,222,223]。

然而对于传统的旋风炉，高温和强还原性气氛很难同时达到。因为随着过量空气系数的减小，旋风筒内的燃烧温度也会降低，考虑到液态排渣所需要的高温条件，旋风筒内的过量空气系数不能太低。为了解决这一矛盾，旋风筒在设计时就应充分考虑强还原性气氛下燃料的燃烧特性，以不完全燃烧的放热量为设计基础，从而满足旋风筒的高温运行条件。因此对于旋风燃烧这种高温燃烧方式而言，通过合理的设计和配风来降低污染物NO_x的排放是切实可行的，及新型旋风炉技术。

7.3.2 修正的新型旋风炉传热性能计算方法

根据章节7.2分析，第六种计算方法（苏联73标准中规定的双室炉炉内热力计算方法）是迄今旋风炉传热计算中较为完善的一种，特别是对于立式前置式旋风炉。本研究所做修正是在该种计算方法的基础上进行的。

旋风筒中燃料燃烧计算的修正：

与传统旋风炉不同，在新型旋风炉中，为了实现旋风筒内燃料燃烧时的高温强还原性气氛条件，其旋风筒的设计是基于燃料不完全燃烧条件下（旋风筒内的过量空气系数$\alpha<1$）的放热量进行的。因此，新型旋风炉旋风筒内燃料燃烧的放热量及燃烧产物的成分和容积与传统旋风炉有较大差异。

当燃料在旋风筒中完全燃烧时，即旋风筒内的过量空气系数$\alpha\geqslant1$，其燃烧产物的主要成分为：N_2、O_2、H_2O、RO_2、飞灰；当燃料在旋风筒中不完全燃烧时，即旋风筒内的过量空气系数$\alpha<1$，其燃烧产物的主要成分为：N_2、H_2O、

RO_2、CO、飞灰。燃料在不完全燃烧条件下的放热量和产生的 CO 量取决于过量空气系数 α 的大小，即筒内还原性气氛的程度。

燃料在不完全燃烧条件下($\alpha<1$)的反应过程为：空气中的 O_2 与燃料中的 C、H、S 生成 CO_2、H_2O、SO_2，由于 O_2 不足量，当 O_2 消耗殆尽的时候还有过量 C 剩余，此时过量的 C 与燃烧已生成的 CO_2 发生如下反应：

$$C + CO_2 \longrightarrow 2CO \tag{7-27}$$

在上述反应过程下，根据质量守恒和能量守恒，我们提出在 $\alpha<1$ 的气化条件下新型旋风筒中燃料的放热量按式(7-28)计算：

$$Q_{qh} = Q_{net,\ ar} - 283 \times n_{CO} \tag{7-28}$$

式中 $Q_{net,ar}$——燃料收到基低位发热量，kJ/kg；

n_{CO}——燃料燃烧产生的 CO 的量，mol/kg，按式(7-29)计算：

$$n_{CO} = \frac{5 \times C_{ar}}{3} - \frac{420 \times [\alpha V^0 - (0.0889 \times 0.375 \times S_{ar} + 0.265 \times H_{ar} - 0.0333 \times O_{ar})]}{22.41} \tag{7-29}$$

式中 C_{ar}——燃料收到基含碳量,%；

α——旋风筒内过量空气系数；

V^0——理论干空气量，Nm^3/kg；

S_{ar}——燃料收到基含硫量,%；

H_{ar}——燃料收到基含氢量,%；

O_{ar}——燃料收到基含氧量,%。

在 $\alpha<1$ 的新型旋风筒中燃烧产生的 CO 容积：

$$V_{CO} = \frac{n_{CO} \times 22.41}{1000} \tag{7-30}$$

在 $\alpha<1$ 的新型旋风筒中燃烧产生的 CO_2 的量：

$$n_{CO_2} = \frac{420 \times [\alpha V^0 - (0.0889 \times 0.375 \times S_{ar} + 0.265 \times H_{ar} - 0.0333 \times O_{ar})]}{22.41} - \frac{5 \times C_{ar}}{6} \tag{7-31}$$

对应的 CO_2 容积：

$$V_{CO_2} = \frac{n_{CO_2} \times 22.41}{1000} \tag{7-32}$$

当 $\alpha<1$ 时，在计算旋风筒内烟气的焓时，需要计入燃烧产生的 CO 的焓：

$$I_y = I_{N_2} + I_{H_2O} + I_{RO_2} + I_{CO} + I_{fh} \tag{7-33}$$

烟气中每 $1Nm^3$(1kg)的各组分气体(飞灰)在不同温度下的焓值如表 7-2 所示，在计算时各组分气体(飞灰)在任意温度下的焓根据该表插值求得。

表 7-2 烟气中各组分气体(飞灰)的焓

温度	I_{CO_2}	I_{N_2}	I_{H_2O}	I_B	I_{CO}	I_{fh}
℃	kJ/Nm^3	kJ/Nm^3	kJ/Nm^3	kJ/Nm^3	kJ/Nm^3	kJ/kg
100	171.3	130.1	150.5	132.7	130.17	80.8
200	360	261	304	267	261.42	169.1
300	563	394	463	403	395.01	264
400	776	529	626	542	531.56	360
500	999	667	795	685	671.35	458
600	1231	808	969	830	814.44	560
700	1469	952	1149	979	960.4	662
800	1712	1098	1334	1129	1108.96	767
900	1961	1247	1526	1283	1259.64	875
1000	2213	1398	1723	1438	1412.6	984
1100	2458	1551	1925	1595	1567.28	1097
1200	2717	1705	2131	1754	1723.32	1206
1300	2977	1853	2344	1914	1880.45	1361
1400	3239	2009	2559	2076	2038.4	1583
1500	3503	2166	2779	2239	2198.7	1759
1600	3769	2324	3002	2403	2359.36	1876
1700	4036	2484	3229	2567	2520.25	2064
1800	4305	2664	3458	2732	2682.18	2186
1900	4574	2804	3690	2899	2844.68	2387
2000	4844	2965	3926	3066	3007.8	2512
2100	5115	3127	4163	3234	3171.42	2640
2200	5386	3289	4402	3402	3335.2	2760
2300	5658	3452	4643	3571	3499.45	2890
2400	5930	3615	4888	3740	3664.56	3020
2500	6203	3778	5132	3910	3830	3150

CO 气体辐射的处理：CO 气体属于不对称的双原子气体，具有一定的辐射能力，然而由于其辐射能力较弱，不到水蒸气和 RO_2气体辐射能力的 10%，因此，

在进行新一代立式旋风燃烧锅炉炉内传热计算时，忽略 CO 气体的辐射能力，即烟气中气体组分的辐射仅考虑三原子气体 H_2O 和 RO_2。

冷却室内介质有效温度计算的修正：

对于传统的旋风炉，旋风筒内的过量空气系数 $\alpha \geqslant 1$ 时，燃料的燃烧、放热过程绝大部分发生在旋风筒中，烟气进入冷却室中时已是较清洁的高温烟气流，仅有极少部分燃料的燃尽在冷却室中释放化学热，此时冷却室内介质有效温度按式(7-24)确定。

在新型立式旋风炉中，旋风筒内的过量空气系数 $\alpha<1$，燃料燃尽所需的剩余空气量从设置在冷却室上的 OFA 喷口喷入冷却室中，从旋风筒出来的烟气中的可燃成分(主要是 CO)在 OFA 的作用下燃尽放热，此时冷却室内有明显的燃料燃烧、放热过程发生。当旋风筒内的过量空气系数为 0.8 时，旋风筒内燃料燃烧放出的化学能约占燃料燃烧总化学能的 72.6%，即约有 27.4%的化学能是在冷却室中放出。由于燃料化学能在冷却室中的释放，冷却室内烟气的平均温度升高，即冷却室内介质有效温度升高，高于按式(7-24)所确定的值。由于有明显的燃料燃烧及化学能释放，且考虑到从旋风筒出来的烟气组分中约含 10%的 CO 气体，因而新型立式旋风炉的冷却室相当于燃用高炉煤气炉的燃气炉炉膛，其介质有效温度计算按燃气炉炉膛内介质有效温度的计算公式计算：

$$T_{\varphi} = r\sqrt{T'_1 T''_T} \tag{7-34}$$

式中 r——修正系数；

T'_1——冷却室入口烟气温度，K；

T''_T——冷却室出口烟气温度，K。

7.4 本章小结

本章首先讲述了旋风炉传热性能计算的特点和概况，通过对现有六种旋风炉传热性能计算方法进行总结、概括和对比，对旋风炉传热性能计算方法展开研究。第六种计算方法比其他几种方法都要合理而严整，它考虑了旋风炉传热的特点，是迄今旋风炉传热计算中最为完善的一种。考虑到低 NO_x 排放的要求，在旋风炉内需要进行空气分级燃烧，空气分级燃烧时整个旋风炉内的炉膛传热特性都会发生变化。本研究在第六种计算方法的基础上，考虑空气分级的特点，提出了新型旋风炉修正的传热性能计算方法。

8 旋风筒内渣膜传热特性研究

旋风筒是旋风炉最主要的设备之一，煤粉颗粒在旋风筒内高速旋转燃烧，并且燃烧温度很高，灰渣熔化为液态而排出筒外，因而旋风筒的工作环境是非常苛刻的。旋风筒内稳定渣膜的形成是维持燃料正常燃烧和液态排渣的前提与保证。熔渣堵塞和耐火衬里过度磨蚀是旋风筒运行中可能遇到的严重问题，这些问题都与旋风筒内渣膜的形成、流动和传热密切相关。因此建立相应的模型和方法，分析预测旋风筒内的渣膜的传热特性对旋风筒的设计与运行具有重要意义。

本章根据液态熔渣沿壁面流动的理论分析，提出了完整的旋风筒对渣膜的适应性评估方法，包括建立从火焰到水冷壁管内工质的多层间壁传热模型、基于此模型的渣膜传热性能参数计算方法及评估是否发生熔渣堵塞或耐火衬里过度磨蚀的判定准则。然后应用提出的评估方法详细分析了一台旋风筒的负荷特性及适应性大小。此外，本章还系统地研究了设计参数(筒体直径、耐火衬里厚度)、运行条件(旋风筒内过量空气系数、热风温度)和煤质特性(灰分含量、灰渣临界温度)这些因素对旋风筒对渣膜的适应性的影响。

8.1 旋风筒的构造

旋风炉的概念最早是由美国的 Babcock & Wilcox(B&W)公司于 20 世纪 40 年代提出来的，其开发的初衷是为了燃用具有严重结渣倾向的低灰熔点煤。世界上第一台旋风炉是在美国的卡努密发电厂投入试验运行的。旋风炉最显著的特征是装备有一只或多只旋风筒。空气携带燃料颗粒在旋风筒内高速旋转燃烧形成旋风燃烧方式。旋风筒的结构如图 8-1 所示，筒体采用水冷管围成，大量短销钉致密地焊接在管子外表面形成销钉水冷壁，销钉间涂抹有一层耐火材料组成耐火衬里。销钉水冷壁的实物图如图 8-2 所示。这种特殊工艺结构既能够维持旋风筒内的高温环境，又能防止烧坏筒壁。

在正常运行时，一次风携带燃料颗粒进入旋风筒中，二次风从筒壁上的二次风口高速切向喷入筒内，卷带燃料颗粒旋转前进。其间燃料颗粒在筒内受热、着

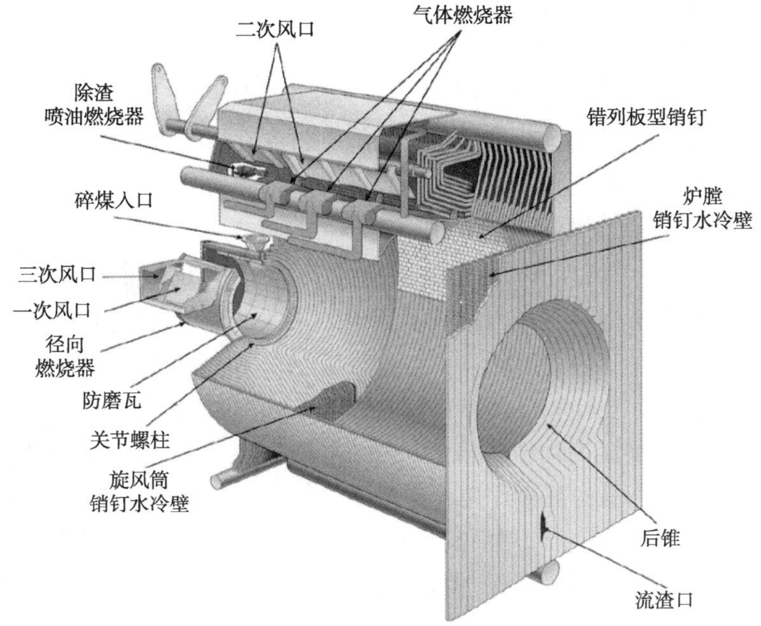

图 8-1 旋风筒的结构示意图

图 8-2 旋风筒的销钉水冷壁

火、燃烧，直至最终燃尽。较细的燃料颗粒在旋转气流中悬浮燃烧，而较粗的燃料颗粒则在离心力的作用下被甩向筒壁。在筒内的高温环境下，燃料中的灰分熔融成液态并在旋风筒的内壁上形成一层液态渣膜。被离心力甩向壁面的燃料颗粒会被这层液态渣膜捕捉并继续燃烧，形成“附壁燃烧”，燃尽后的灰分融入液态渣层并在筒内气流的带动下缓慢流动，最终从流渣口排出筒外形成液态排渣。燃料颗粒在旋风筒中燃烧生成的高温烟气随后流入旋风炉的炉膛中进一步燃尽和冷却。烟气最后进入对流区段，旋风炉的对流区段与煤粉炉的对流区段相比并无差异。

旋风炉由于独特的结构和燃烧方式，使得其燃烧过程热强度高，燃烧稳定，燃烧效率高。旋风炉采用液态排渣，旋风筒中高速旋转的火焰流具有极强的熔渣分离能力，使得旋风炉具有较高的捕渣能力。

如图 8-3 所示的旋风筒筒壁断面，旋风筒的筒体由水冷管圈围成，在管子外表面焊接有大量的短销钉，销钉间涂抹有一层耐火材料组成耐火衬里。这种特殊的工艺结构既可以维持旋风筒内的高温环境，又可以防止烧坏筒壁。在运行过程中，燃料中的灰分在筒内高温环境中熔化为液态，黏附在筒壁上形成固态渣层和液态渣层。挥发分和粒径较小的燃料颗粒在筒内悬浮燃烧，而粒径较粗的燃料颗粒则被离心力甩至旋风筒内壁的渣膜上进行“附壁燃烧”。旋风筒的耐火衬里在工作中不仅要经受高温的热力作用，还要经受高速火焰流和熔渣的机械和化学侵蚀，工作环境极为恶劣[226]。然而旋风筒筒壁上形成的固态渣层能够保护耐火衬里不受颗粒流及熔渣的侵蚀，即“以渣抗渣”。当旋风筒初始运行时，固态渣层逐渐积累并趋于稳定，这层稳定的固态渣层是旋风筒的耐火衬里安全可靠运行的保证。

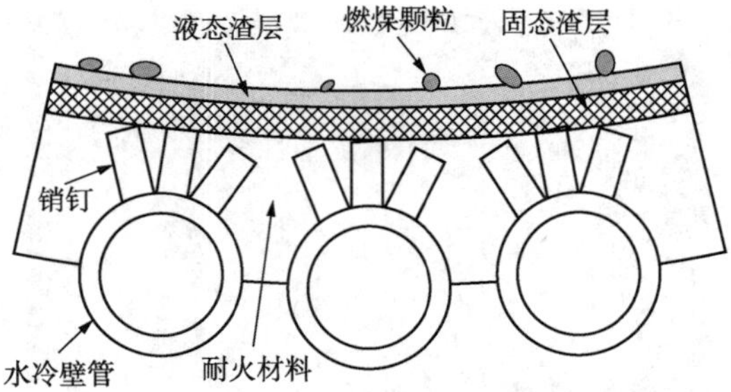

图 8-3　旋风筒筒壁断面图

8.2　旋风筒内渣膜传热特性的评估方法

8.2.1　液态熔渣壁面流动分析

煤粉在旋风炉内燃烧时，会在旋风筒的内壁面上形成一层稳定的液态渣膜。本节根据熔渣的物理特性，对液态渣膜壁面流动情况进行理论分析[199]。

液态渣膜在倾斜壁面上流动时的受力情况如图 8-4 所示。

对于图 8-4 中所示的渣膜质量微元，由于熔渣的黏度很高，在平行于壁面方向的重力分量的作用下产生的流动加速度很小，因此可认为该质量微元处于受力平衡的状态中。对渣膜质量微元进行受力分析，在流动方向上平行于壁面的重力分量与黏滞力(即剪切力)是平衡的，因而有：

$$dS(dy \cdot 1) + \rho_s g(dxdy \cdot 1)\sin\gamma = 0 \quad (8-1)$$

式中 dS ——剪切应力增量，Pa；

ρ_s ——熔渣密度，$kg \cdot m^{-3}$；

g ——重力加速度，$m \cdot s^{-2}$；

γ ——壁面倾角，(°)。

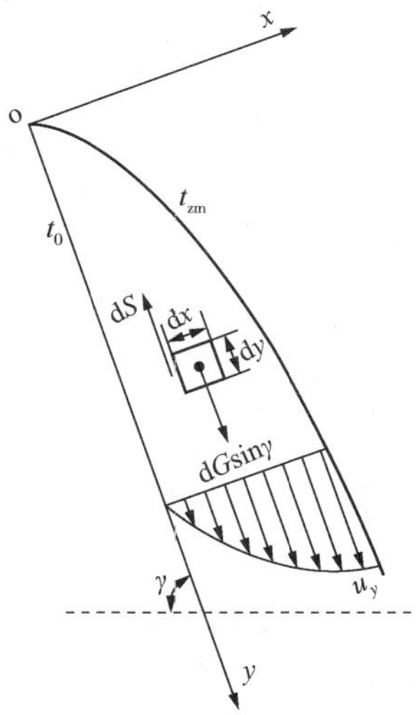

图 8-4 倾斜壁面上渣膜流动时的受力分析

图中 t_0 为灰渣的临界温度,℃，即温度高于 t_0 时熔渣是牛顿流体，而低于 t_0 时熔渣是塑性流体或者处于凝固状态(塑性流体流速极低，流体几乎处于静止状态，因此可一并当作凝固状态处理)。对于流动渣膜(温度高于 t_0)，剪切应力服从牛顿定律：

$$S = \mu \frac{du_y}{dx} \quad (8-2)$$

式中 S ——剪切应力，Pa；

μ ——灰渣的动力黏性系数，$Pa \cdot s$；

u_y ——渣膜沿壁面的流动速度，$m \cdot s^{-1}$。

在旋风筒中液态渣膜内的温度变化并不显著，其导热系数可以当作定值。因此液态渣膜内的温度分布近似呈线性：

$$b_t = \frac{t - t_0}{x} \quad (8-3)$$

式中 b_t ——温度梯度,$℃ \cdot m^{-1}$；

t ——在 x 处灰渣的温度,℃。

对于主要成分为 SiO_2、Al_2O_3、CaO、MgO 和 Fe_2O_3 的灰渣而言，在熔融状态下其动力黏性系数随温度的变化关系如式(8-4)所示：

$$\mu = \mu_0 e^{\beta_v(t_0 - t)} \quad (8-4)$$

式中 μ_0——灰渣的临界黏度，$Pa \cdot s$；

β_v ——灰渣的黏度特性系数,$℃^{-1}$。

将式(8-2)~式(8-4)代入到式(8-1)中可以得到如下液态渣膜沿壁面流动的速度微分方程：

$$\frac{d^2u_y}{dx^2}-\beta_v b_t\frac{du_y}{dx}=-\frac{\rho_s g\sin\gamma}{\mu_0}e^{\beta_v b_t x} \tag{8-5}$$

式(8-5)是一个二阶微分方程式，它的一般解为：

$$u_y=c_1e^{\beta_v b_t x}+c_2+c_3xe^{\beta_v b_t x} \tag{8-6}$$

式中　c_1、c_2、c_3——微分方程解的待定系数，由边界条件所确定。

把式(8-6)代入到式(8-5)中可以得到待定系数 c_3 的值：

$$c_3=-\frac{\rho_s g\sin\gamma}{\beta_v b_t\mu_0} \tag{8-7}$$

液态渣膜沿壁面流动时存在无滑移边界条件：

$$u_y=0\big|_{x=0} \tag{8-8}$$

在旋风筒中液态渣膜外表面会受到旋转气流的黏滞力和煤粉颗粒的撞击力，设这两种力之合为 $S_{m,y}$，则在渣膜外表面处的边界条件为：

$$S_{m,y}=\mu_m\frac{du_y}{dx}\bigg|_{x=\delta_{zm,1}} \tag{8-9}$$

式中　$S_{m,y}$——液态渣膜外表面上沿 y 方向的剪切应力，Pa；

μ_m——液态渣膜在外表面处的动力黏性系数，Pa·s；

$\delta_{zm,1}$——液态渣膜厚度，m。

利用式(8-7)~式(8-9)这三个边界条件能够求解出待定系数 c_1、c_2 和 c_3，进而获得液态渣膜沿壁面流动时的膜内速度分布。

8.2.2　多层间壁传热模型

煤的灰渣中包含有多种无机组分，如 SiO_2、Al_2O_3、Fe_2O_3、CaO、MgO、Na_2O、K_2O 等，因此熔渣没有固定的熔点，其熔融过程发生在一个宽广的温度范围内。随着温度的升高，灰渣中熔融晶体的数量增加，同时熔渣的黏度降低，此时熔渣属于塑性流体。随着温度继续升高，当所有晶体都熔化时熔渣将变为一种真正的液体。当灰渣熔化为真正的液体时熔渣会服从牛顿切应力定律，即可以当作牛顿流体处理。熔渣由塑性状态过渡到真实液态时往往在黏温特性曲线上出现明显的折变，这是因为在折变点温度下熔渣中骤然有大量的晶体熔化所致。这一折变点的温度称为灰渣的临界温度 t_0，此时对应的黏度为灰渣的临界黏度 μ_0。t_0 取决于灰渣的成分，可由高温黏度计测量而得。

在旋风筒的实际运行过程中，黏附在筒壁上的熔渣在靠近冷却介质一侧温度较低，会凝固成固态，而在靠近火焰的一侧温度较高，熔渣会呈现液态，中间温区是过渡区。因而耐火衬里上形成的渣膜按物理属性可以分为三层：液态渣层、塑性流动层和固态渣层。液态渣层和塑性流动层之间的分界面是灰渣的临界温度

t_0。当熔渣的温度高于 t_0 时可以按照牛顿流体处理，而当温度低于 t_0 时是塑性流体。一般情况下液态渣层的流速很低[227-229]，相应的雷诺数小于 0.03，流动属于层流流动。因此，液态渣层中的传热主要是沿法线方向的导热。此外，液态渣层的厚度与旋风筒的内径相比非常薄，其内的传热过程可以看作平壁导热问题。由于塑性流体的黏度非常大，因而可以忽略塑性区内的流动，认为塑性流动层是静止不动的。在本研究中将塑性流动层和固态渣层合并为一层处理，仍称作固态渣层。耐火衬里由具有不同导热系数的金属销钉和耐火材料构成，本文使用耐火衬里的复合导热系数来描述其内的导热过程。同样地，平壁假设也适用于固态渣层和耐火衬里。

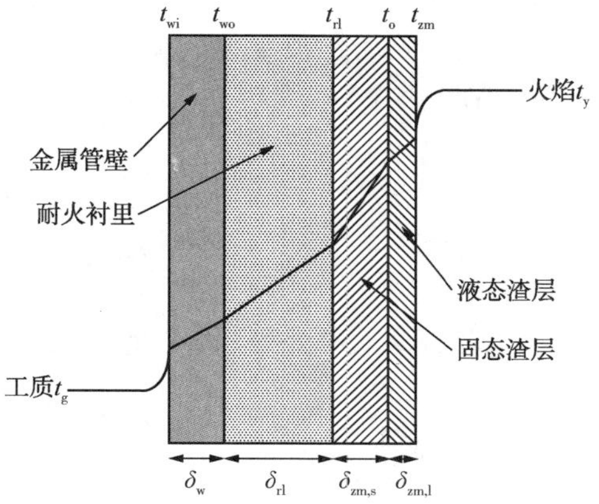

图 8-5　旋风筒的多层间壁传热模型

基于上述分析，本文在旋风筒内建立了如图 8-5 所示的多层间壁传热模型。该模型考虑了从火焰到工质的整个传热过程。当煤颗粒在旋风筒内燃烧时，高温火焰的热量以辐射和对流的方式传递给液态渣层的向火表面；之后热量通过导热依次流经液态渣层、固态渣层、耐火衬里和金属管壁到达工质侧；最后热量被管内工质以对流传热的方式所吸收。由于现代锅炉的工质经过严格的水处理及运行前的煮炉等，金属管内壁上的水垢较少或无水垢，因而可忽略管内污垢热阻。此外，在多层壁传热模型中还应用了如下假设：

（1）所有的分析和计算都是在稳态条件下进行的；

（2）热量传递的方向垂直于平壁；

（3）各壁层的表面温度均匀分布；

（4）液态渣层和固态渣层内的温度呈线性分布；

（5）液态渣层和固态渣层的厚度认为是均匀的。

实际中由于重力的作用使得沿旋风筒周长方向的液态渣膜厚度并不均匀。在图 8-6 中，对于左侧的液态渣膜而言，所受重力的切向分量与烟气的旋转方向一致，这加快了液态渣的周向运动；相反地，在旋风筒右侧液态渣膜所受重力的切向分量与烟气的旋转方向相反，这减慢了液态渣的周向运动。在这个差别下，液态渣沿旋风筒周长方向的流动左侧要快于右侧，因此左侧的液态渣膜要比右侧的薄[230]。然而由于高速旋转火焰流对渣膜表面的冲刷作用，使得液态渣膜厚度的差异并不明显。这种冲刷作用能够形成驱动液态渣膜旋转流动且均匀分布的切向力，切向力包括气相对渣膜表面的黏滞力和颗粒的冲击力。液态渣膜的周向运动是重力和切向力综合作用的结果。一般地切向力要比重力大得多，因而重力对液态渣膜厚度的周向分布影响很小。此外，随着旋风筒倾角 γ 的增大，在旋风筒横截面上的重力分量减小，重力对液态渣膜厚度周向分布的影响减弱。特别地当旋风筒垂直布置时，即立式旋风炉，重力将完全失去对液态渣膜周向运动的影响力。总而言之，沿旋风筒周向的液态渣膜厚度可近似认为是均匀分布的而不会引入太大误差。

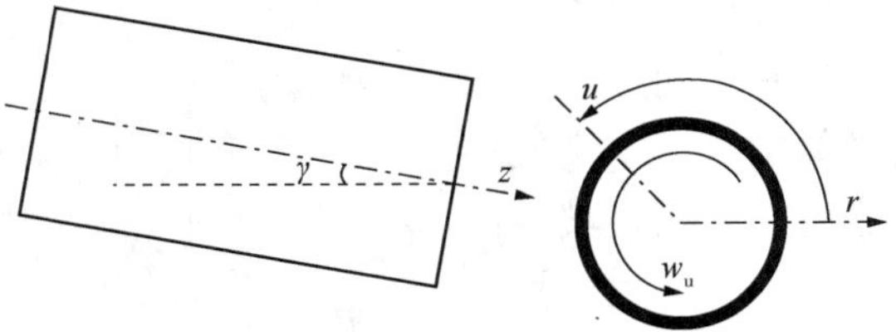

图 8-6　沿旋风筒周长方向的液态渣膜示意图

8.2.3　渣膜传热性能计算

在抽象出旋风筒的传热模型后，需要确定筒内的传热热流及渣层厚度来预测渣膜行为。根据多层间壁传热模型，旋风筒多层壁内的传热可用式(8-10)表示：

$$q_x = \frac{t_{zm} - t_0}{R_{zm,\,l}} = \frac{t_0 - t_{rl}}{R_{zm,\,s}} = \frac{t_{rl} - t_{wo}}{R_{rl}} = \frac{t_{wo} - t_{wi}}{R_w} = \frac{t_{wi} - t_g}{R_{c,\,g}} \tag{8-10}$$

式中　q_x——多层壁中的平均热流密度，$W \cdot m^{-2}$；

t_{zm}、t_{rl}、t_{wo}、t_{wi}、t_g——分别为液态渣层向火表面温度、耐火衬里向火表面温度、水冷壁管外壁温度、水冷壁管内壁温度、工质温度，℃；

$R_{zm,\,l}$、$R_{zm,\,s}$、R_{rl}、R_w、$R_{c,\,g}$——分别为液态渣层导热热阻、固态渣层导热热阻、耐火衬里导热热阻、金属管壁导热热阻、工质与水冷壁管内壁之间的对流传热热阻，$m^2 \cdot ℃ \cdot W^{-1}$。

火焰与周围旋风筒壁面的传热过程可以看作是两块无限大平行板之间的传热，根据 Stefan-Boltzmann 定律，旋风筒内的辐射传热可以表述为：

$$Q_r = \frac{\sigma_0 a_K H_r}{B_j}(T_y^4 - T_{zm}^4) \tag{8-11}$$

式中　Q_r——辐射传热量，$J \cdot kg^{-1}$；

σ_0——Stefan-Boltzmann 常数，$W \cdot m^{-2} \cdot K^{-4}$；

a_K——旋风筒的系统黑度；

H_r ——有效辐射受热面积，m^2；

T_y ——旋风筒内的火焰有效平均温度，K；

T_{zm} ——液态渣层向火表面温度，K；

B_j ——旋风筒的计算燃料消耗量，$kg \cdot s^{-1}$。除以 B_j 表示传热量是按每单位质量的燃料消耗量来计算的。

旋风筒的系统黑度定义为：

$$a_K = \frac{1}{\frac{1}{a_w} + \bar{x}\left(\frac{1}{a_y} - 1\right)} \tag{8-12}$$

式中 a_w ——旋风筒炉墙黑度；

a_y ——旋风筒内火焰黑度；

$\bar{x}$ ——旋风筒的平均角系数，可按式(8-13)计算：

$$\bar{x} = \frac{\sum x_i F_{bi}}{\sum F_{bi}} \tag{8-13}$$

式中 x_i ——i 区域的角系数；

F_{bi} ——i 区域的炉墙面积。

对旋风筒而言，炉墙的角系数为 1，燃烧器喷口和二次风喷口的角系数取为 0。

旋风筒内的烟气温度沿筒体长度是变化的。在本研究中使用旋风筒内的火焰有效平均温度这个特征温度来计算辐射传热，计算公式如下：

$$T_y = 0.925\sqrt{T_a T_{c,e}} \tag{8-14}$$

式中 T_a ——燃料绝热燃烧温度，K；

$T_{c,e}$ ——旋风筒出口烟气温度，K。

由于旋风筒内的气流旋转非常强烈，因而对流传热已不能像煤粉炉炉膛那样可以忽略不计。旋风筒内的对流传热可以表达为：

$$Q_c = \frac{U_c H_r (T_y - T_{zm})}{B_j} \tag{8-15}$$

式中 Q_c ——对流传热量，$J \cdot kg^{-1}$；

U_c ——旋风筒对流传热系数，$W \cdot m^{-2} \cdot K^{-1}$。

对于旋风筒内的对流传热过程，很难单独测量或描述它。为了能够准确预测对流传热，学者们[199]通过模化实验建立了旋风筒内的对流传热关联式。根据相似理论，选取雷诺数作为相似准则，保持雷诺数相同即可在模化实验装置中获得与实际旋风筒相似的流场。在模化实验结果的基础上，得出的关联式为：

$$Nu_c = 0.0074 Re_c \tag{8-16}$$

式中　Nu_c——努塞尔数；

Re_c——雷诺数。Nu_c 和 Re_c 都以筒体直径为特征尺寸，表达如下：

$$Nu_c = \frac{U_c D}{\lambda_y} \tag{8-17}$$

$$Re_c = \frac{w_2 D}{\nu_y} \tag{8-18}$$

式中　D——筒体直径，本文指旋风筒的内径/m；

λ_y——烟气导热系数，$W \cdot m^{-1} \cdot K^{-1}$；

w_2——二次风速，$m \cdot s^{-1}$；

ν_y——烟气的运动黏性系数，$m^2 \cdot s^{-1}$。

为了求得 t_{zm} 或 T_{zm}，列出如式(8-19)所示的函数关系，苏联的锅炉热力计算标准方法中提供了诺模图来求解它[26]。

$$\frac{t_{zm} - t_0}{T_y} = f(T_y,\ t_0,\ \beta_v,\ A_z,\ w_2) \tag{8-19}$$

式中　β_v——灰渣的黏度特性系数,℃$^{-1}$；

A_z——反映液态渣层厚度的参数，m。

β_v 和 A_z 定义如下：

$$\beta_v = \frac{\ln \dfrac{\mu_0}{\mu}}{t - t_0} \tag{8-20}$$

$$A_z = 0.467\sqrt[3]{\frac{G_0 \mu_0 \eta_s}{u \rho_s^2 p_s}} \tag{8-21}$$

式中　μ_0——灰渣的临界黏度，$Pa \cdot s$；

μ——在 t 温度下灰渣的动力黏性系数，$Pa \cdot s$；

G_0——进入旋风筒的灰渣质量流率，$kg \cdot s^{-1}$；

η_s——旋风筒总的捕渣率；

u——旋风筒的湿周周长，m；

ρ_s——熔渣密度，$kg \cdot m^{-3}$；

p_s——反映火焰对渣膜的动力作用的参数。

旋风筒总的捕渣率表示底渣占燃料总灰分的质量分数。在旋风炉中，大约有70%~85%的燃料灰分被筒壁所捕捉[18]，其余的灰分被烟气携带进入锅炉的对流区段，最终为除尘器所捕集。因此 η_s 在0.7~0.85之间，在本文的计算分析中 η_s 取为0.8。在正常运行中旋风筒的内表面完全被液态渣膜所覆盖，因而旋风筒的湿周周长即为旋风筒的内周长 πD。

此外，旋风筒内的热平衡方程式为：

$$Q_r + Q_c = \varphi(Q_a - I_{c,e}) \tag{8-22}$$

式中 φ——保热系数；

Q_a——进入旋风筒的有效热量，$J \cdot kg^{-1}$；

$I_{c,e}$——旋风筒出口烟气焓，$J \cdot kg^{-1}$。

保热系数表示烟气传递给工质的热量占烟气放热量的份额，计算公式如下：

$$\varphi = 1 - \frac{q_5}{\eta_b + q_5} \tag{8-23}$$

式中 q_5——辐射和对流热损失，%；

η_b——锅炉热效率，%。

与多层壁内的传热相耦合，q_x 可以计算如下：

$$q_x = \frac{B_j(Q_r + Q_c)}{H_r} \tag{8-24}$$

为了求解，补充下述方程：

$$R = \frac{\delta}{\lambda} \tag{8-25}$$

式中 R——导热热阻，$m^2 \cdot ℃ \cdot W^{-1}$；

δ——壁层厚度，m；

λ——导热系数，$W \cdot m^{-1} \cdot K^{-1}$。

各壁层的导热热阻都可按式(8-25)计算，包括液态渣层、固态渣层、耐火衬里和金属管壁。耐火衬里的导热系数取其复合导热系数 λ_{rl}，λ_{rl} 可由耐火材料和金属销钉的导热系数确定：

$$\lambda_{rl} = \frac{\lambda_r \lambda_m}{f_{ps}\lambda_r + (1 - f_{ps})\lambda_m} \tag{8-26}$$

式中 λ_r——耐火材料的导热系数，$W \cdot m^{-1} \cdot K^{-1}$；

λ_m——金属销钉的导热系数，$W \cdot m^{-1} \cdot K^{-1}$；

f_{ps}——水冷壁管表面上销钉的布置密度。

在本章的研究中耐火材料由 SiC 制成，金属销钉由 12Cr1MoV 合金钢制成。根据耐火材料和金属销钉的运行温度范围，它们的导热系数分别取 $5.814W \cdot m^{-1} \cdot K^{-1}$ 和 $30.232W \cdot m^{-1} \cdot K^{-1}$，$f_{ps}$ 是旋风筒的一个结构参数并设计为 0.2。

同时求解上述方程即可获得给定条件下渣膜的热力性能参数，如各壁层的边界温度、渣层厚度、平均热流密度等，这些参数有助于分析旋风筒内的渣膜传热特性。

8.2.4 适应性判定标准

本书定义了旋风筒对渣膜的适应性这一概念，表示旋风筒能够维持良好运行而不发生熔渣堵塞和耐火衬里过度磨蚀的能力。根据得到的渣膜热力性能参数，本节提出了一个适应性判定标准来评估旋风筒的运行状态。当锅炉负荷、运行条件或煤种变化时，渣膜的热力性能参数也会随之改变，即图 8-5 中的 t_0 分界面将会相应移动。特别地，当 t_0 分界面向左移动到耐火衬里向火表面时，固态渣层消失，此时旋风筒会失去“以渣抗渣”的保护机制，耐火衬里的磨损腐蚀将迅速加剧。换而言之，当固态渣层厚度变为 0 时，熔渣将开始加速磨蚀耐火衬里。此外，考虑到液态排渣的需要，旋风筒出口烟气温度应该始终高于 t_0 以防止熔渣堵塞旋风筒的排渣口。因此，适应性判定标准可表示为：

$$\theta_{c,\ e} > t_0 \& \delta_{zm,\ s} > 0 \tag{8-27}$$

式中 $\theta_{c,\ e}$——旋风筒出口烟气温度，℃；

$\delta_{zm,\ s}$——固态渣层厚度，m。

8.3 旋风筒的负荷特性研究

旋风筒在负荷变化时，其内的传热过程和渣膜行为都会发生改变。本节根据前面建立的模型和方法，计算了不同截面热负荷 q_F 下旋风筒的热力性能，q_F 的变化范围为 4000~40000kW·m^{-2}。表 8-1 给出了计算工况所用煤种的煤质分析，旋风筒的主要设计参数和运行条件如表 8-2 所示，水冷壁管内的冷却水为饱和工质。旋风筒的截面热负荷 q_F 和相对截面热负荷 $q_{F,\ R}$ 的定义如下：

$$q_F = \frac{4BQ_{net,\ ar}}{\pi D^2} \tag{8-28}$$

$$q_{F,\ R} = \frac{q_F}{q_{F0}} \tag{8-29}$$

式中 B——旋风筒的燃料消耗量，kg·s^{-1}；

$Q_{net,\ ar}$——燃料的收到基低位发热量，kJ·kg^{-1}；

q_{F0}——基本工况下旋风筒的截面热负荷，kW·m^{-2}。

表 8-1 所用煤种的煤质分析(质量分数/%，收到基)

C_{ar}	H_{ar}	O_{ar}	N_{ar}	S_{ar}	A_{ar}	M_{ar}	V_{daf}	$Q_{net,ar}$	t_0	μ_0	β_v
%	%	%	%	%	%	%	%	kJ·kg^{-1}	℃	Pa·s	℃$^{-1}$
58.86	3.36	6.98	0.79	0.63	19.78	9.60	32.31	22440	1360	14	0.015

表 8-2　旋风筒的主要设计参数和运行条件

设计参数			运行条件		
参数	符号/单位	数值	参数	符号/单位	数值
筒体直径	D /m	2.4	过量空气系数	α −	1.1
筒体长度	L /m	9.6	热风温度	t_{ph} /℃	400
筒体容积	V /m^3	43.4	二次风速	w_2 /($m \cdot s^{-1}$)	90
筒体内表面积	$A_{c,i}$ /m^2	81.4	饱和工质压力	p_g /MPa	10
耐火衬里厚度	δ_{rl} /mm	20	饱和工质温度	t_g /℃	311.0

旋风筒的负荷特性如图 8-7 所示。由式(8-28)可知，旋风筒的截面热负荷 q_F 与燃料消耗量 B 成正比关系，其线性变化如图 8-7(a)所示。旋风筒的运行负荷取决于它的燃料消耗量 B，因此可以用旋风筒截面热负荷 q_F 的大小来表示运行负荷的高低。在图 8-7(b)中，随着 q_F 的增大，平均热流密度 q_x 增大，但增加幅度逐渐趋缓。这表明当运行负荷升高时，液态渣层的向火表面从火焰中吸收的热量增多，q_x 的增大主要是由火焰温度升高所导致的。增加幅度降低则归因于单位质量计算燃料消耗量所对应的传热量的减少。图 8-7(c)给出了各个壁层的表面温度变化，随着旋风筒负荷的升高，水冷壁管内壁温度 t_{wi} 仅略微升高，这是因为在水冷壁管内发生的是沸腾传热，对流传热系数很大，相应的对流传热热阻 $R_{c,g}$ 非常小，因而 t_{wi} 非常接近饱和工质温度 t_g。由于金属的导热系数很大，因而水冷壁管外壁温度 t_{wo} 表现出与 t_{wi} 类似的变化趋势，且两者相差较小。当 q_F 增大时，耐火衬里向火表面温度 t_{rl} 升高，相应地在图 8-7(d)中固态渣层厚度 $\delta_{zm,s}$ 减小，这个结果与 Ryzhakov 的研究结果是一致的[231]。特别地，当 q_F 增大到接近 40000kW·m^{-2}时，t_{rl} 等于灰渣的临界温度 t_0，同时 $\delta_{zm,s}$ 变为 0。在这个工况条件下，旋风筒已不能满足适应性判定标准，筒内的磨损腐蚀开始加剧，因此能够获得旋风筒安全运行的最大允许负荷。旋风筒出口烟气温度 $\theta_{c,e}$ 随运行负荷的减小而降低。当 q_F 减小到接近 4000kW·m^{-2}时，$\theta_{c,e}$ 等于 t_0，此时旋风筒的排渣口可能会被熔渣堵塞，因而可以确定旋风筒安全运行的最小允许负荷。此外从图 8-7(c)和图 8-7(d)中还可以看出，在负荷变化时液态渣层向火表面温度 t_{zm} 和液态渣层厚度 $\delta_{zm,l}$ 仅轻微变化，Ye 等学者的研究工作也支持这一观点[232]。当旋风筒内温度水平升高时，t_{zm} 升高，此时固态渣层向火侧会熔化为液态渣排出，固态渣层厚度变薄，火焰向工质传热的热阻减小，热流密度增大，热流密度的增大又

阻止了 t_{zm} 的升高，反之亦然。正因为固态渣层厚度的这种自动调节功能，使得液态渣层的参数在负荷变化时能够基本维持不变。

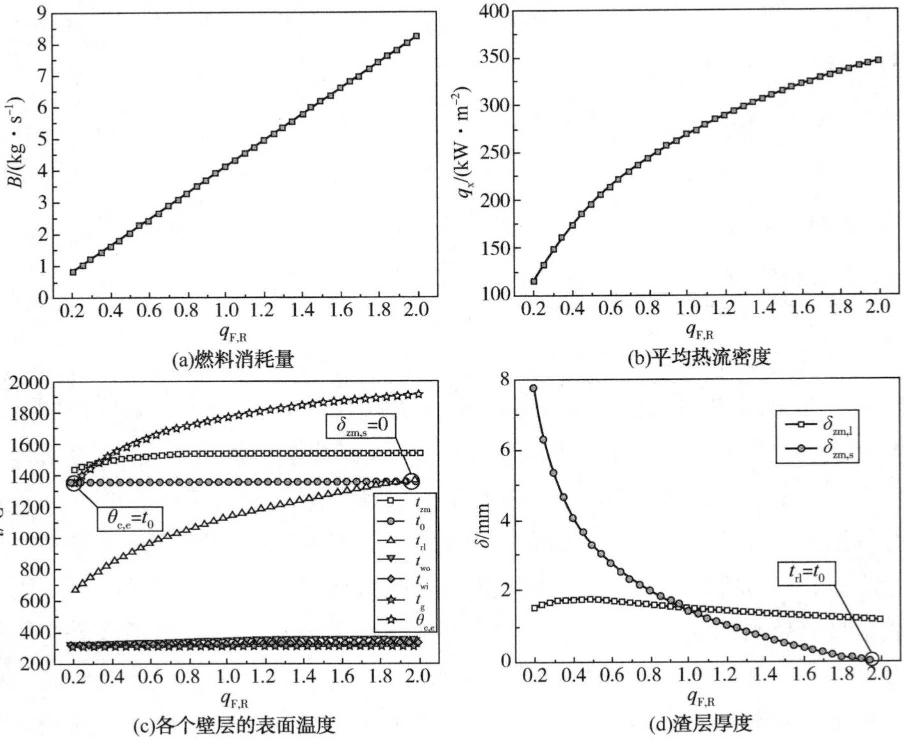

图 8-7　旋风筒的负荷特性

（$D=2.4$m，$L=9.6$m，$\delta_{rl}=20$mm，$\alpha=1.1$，$t_{ph}=400$℃，$q_{F0}=20000$kW · m^{-2}）

8.4　设计参数的影响

8.4.1　筒体直径的影响

图 8-8 比较了不同直径的旋风筒对渣膜的适应性。筒体直径 D 在 1.6~3.2m 范围内变化，长/径比设定为 4.0，其他参数如表 8-1 和表 8-2 所列。由图可见，当负荷变化时不同直径旋风筒的热力性能参数表现出十分相似的变化趋势。对于给定的 q_F，平均热流密度 q_x 随着筒体直径的增大而增加。q_x 的增加提高了耐火衬里向火表面温度 t_{rl}，同时也降低了旋风筒出口烟气温度 $\theta_{c,e}$。在图 8-8(d) 中固态渣层厚度 $\delta_{zm,s}$ 随着筒体直径的增大而减小。在负荷升高时，直径越大的旋风

筒其固态渣层越先消失。因此，旋风筒能维持安全运行的负荷范围随着筒体直径的增大而变窄，即当直径增大时旋风筒对渣膜的适应性降低。值得注意的是，在相同的 q_F 下不同直径旋风筒的热力性能参数相差很小，如在整个负荷范围内 $\theta_{c,\ e}$ 的最大偏差小于 30℃。在低负荷下各热力性能参数几乎不随筒体直径变化。因而可见筒体直径对旋风筒对渣膜的适应性的影响比较小。

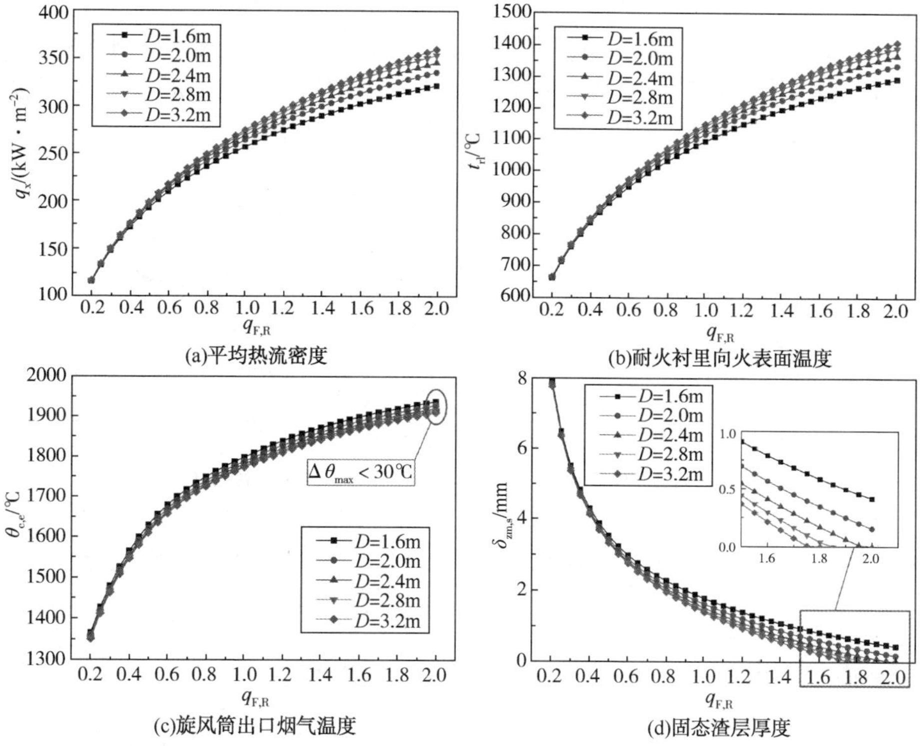

图 8-8　筒体直径对适应性的影响

($L/D=4.0$, $\delta_{rl}=20$mm, $\alpha=1.1$, $t_{ph}=400$℃, $q_{F0}=20000$kW·m^{-2})

8.4.2　耐火衬里厚度的影响

耐火衬里厚度 δ_{rl} 对旋风筒对渣膜的适应性的影响如图 8-9 所示。耐火衬里由 SiC 耐火涂层和 12Cr1MoV 合金钢销钉构成，其复合导热系数为 6.934W·m^{-1}·K^{-1}，确定方法见式(8-26)。δ_{rl} 的变化范围为 10～30mm，其他参数如表 8-1 和表 8-2 所列。实质上，固态渣层可以认为是耐火衬里的延伸。在给定运行工况下，如果耐火衬里和固态渣层的总热阻保持不变，那么旋风筒的运行将不受耐火衬里和固态渣层厚度的影响。δ_{rl} 的变化会被固态渣层厚度 $\delta_{zm,\ s}$ 的自动调节所补偿。增加

δ_{rl}，液态渣层和固态渣层的 t_0 分界面将向耐火衬里一侧移动，反之亦然。因此 δ_{rl} 主要影响固态渣层，而对液态渣层则影响较小。相应地，火焰和液态渣层向火表面之间的传热基本不受影响，如图 8-9(a)和图 8-9(c)所示。在图 8-9(b)中，耐火衬里向火表面温度 t_{rl} 随着 δ_{rl} 的加厚而升高。图 8-9(d)表明 $\delta_{zm,s}$ 随着 δ_{rl} 的加厚而减小，这说明旋风筒对渣膜的适应性随 δ_{rl} 的增大而降低。此外，δ_{rl} 能够显著影响旋风筒对渣膜的适应性。当 δ_{rl} 从 20mm 增加到 25mm 时，安全运行的负荷范围减小了近乎一半(Δq_1)，Δq_2 要小于 Δq_1。正如前面所讨论的，耐火衬里不能设计得太厚或者太薄，太厚的话不能满足负荷调整的需求，太薄则耐磨性不够。

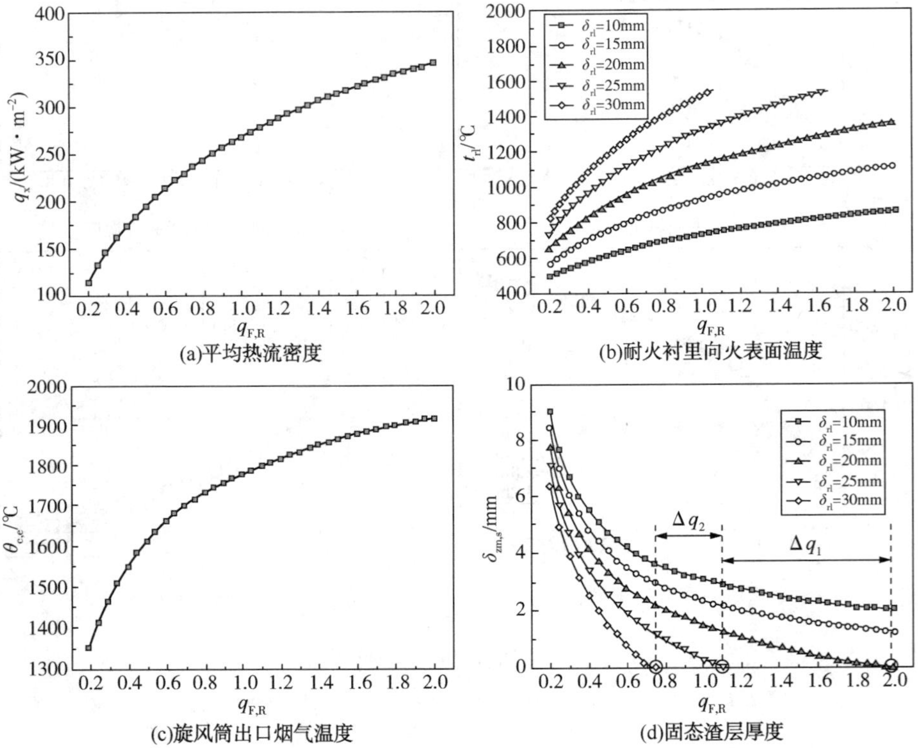

图 8-9　耐火衬里厚度对适应性的影响

(D = 2.4m, L = 9.6m, α = 1.1, t_{ph} = 400℃, q_{F0} = 20000kW·m^{-2})

8.5　运行条件的影响

8.5.1　过量空气系数的影响

图 8-10 展示了不同过量空气系数下旋风筒对渣膜的适应性。过量空气系数

α 的取值范围为 1.05~1.2，其他参数列在表 8-1 和表 8-2 中。在给定的截面热负荷 q_F 下，增大 α 能够减小平均热流密度 q_x，如图 8-10(a)所示。这是因为热风温度要远低于燃烧产物的温度，增加空气量会降低火焰温度，进而减小了旋风筒内的传热量。与 q_x 的变化相一致，在图 8-10(b)中耐火衬里向火表面温度 t_{rl} 随着 α 的增大而降低。在图 8-10(c)中，旋风筒出口烟气温度 $\theta_{c,e}$ 随 α 的变化在 q_F 为 10600kW·m^{-2}时出现了转折点。当 q_F 小于 10600kW·m^{-2}时，$\theta_{c,e}$ 随 α 的增大而升高；而当 q_F 大于 10600kW·m^{-2}时，$\theta_{c,e}$ 随 α 的增大而降低。随着 α 的增大，旋风筒内传热量的减小会导致 $\theta_{c,e}$ 升高，而增多的低温热风与高温烟气的混合又会有降低 $\theta_{c,e}$ 的倾向，最终的 $\theta_{c,e}$ 是这两种影响综合作用的结果。在低负荷时传热发挥主要作用而在高负荷时高、低温气体的混合影响更大。如图 8-10(d)所示，随着 α 的增大，固态渣层厚度 $\delta_{zm,s}$ 增加，旋风筒对渣膜的适应性提高。此外，本节还对采用空气分级燃烧技术的旋风筒进行了分析。当旋风筒内过量空气系数为 0.8 时，煤粉在筒内燃烧过程中会发生部分气化，此时的热力性能与 α 为 1.2 时的相接近。与其他工况相比，燃料的不完全燃烧降低了火焰温度，从而导致 q_x 减小。

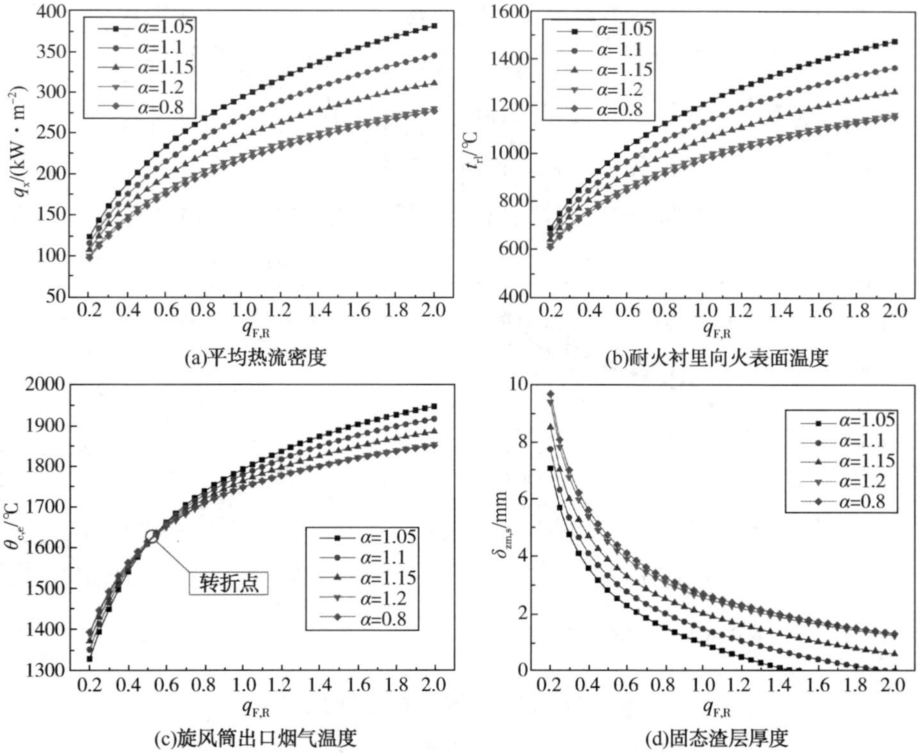

(a)平均热流密度　(b)耐火衬里向火表面温度　(c)旋风筒出口烟气温度　(d)固态渣层厚度

图 8-10　过量空气系数对适应性的影响

(D = 2.4m, L = 9.6m, δ_{rl} = 20mm, t_{ph} = 400℃, q_{F0} = 20000kW·m^{-2})

8.5.2 热风温度的影响

热风温度 t_{ph} 对旋风筒对渣膜的适应性的影响如图 8-11 所示。t_{ph} 的变化范围为 280~440℃，其他参数如表 8-1 和表 8-2 所列。随着 t_{ph} 的升高，火焰温度升高，进而加强了旋风筒内的传热过程。因此在图 8-11(a)中均热流密度 q_x 随着 t_{ph} 的升高而增大。相应地图 8-11(b)中的耐火衬里向火表面温度 t_{rl} 也随着 t_{ph} 的升高而提高。t_{ph} 对旋风筒出口烟气温度 $\theta_{c,e}$ 的影响与过量空气系数 α 的影响类似。当热风温度升高时，加强传热能够降低 $\theta_{c,e}$，而空气物理焓的增大却使 $\theta_{c,e}$ 有升高的倾向。由于在高负荷下高、低温气体混合的影响占主要地位，因此 $\theta_{c,e}$ 随着 t_{ph} 的提高而升高，如图 8-11(c)所示。由图 8-11(d)可以看出，随着 t_{ph} 的升高固态渣层厚度 $\delta_{zm,s}$ 减小。因此，提高热风温度降低了旋风筒对渣膜的适应性。

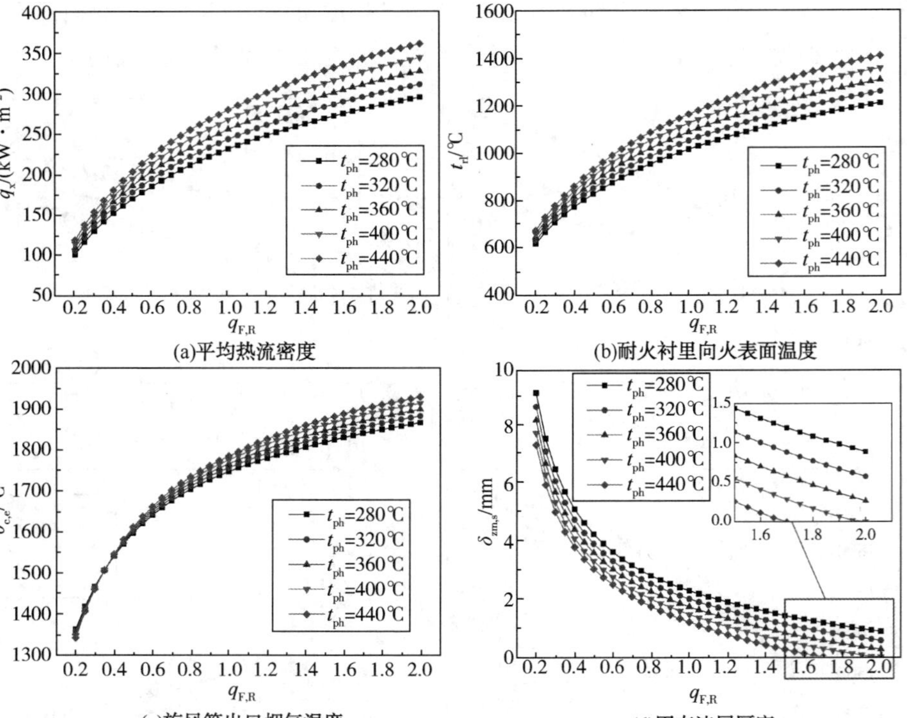

(a)平均热流密度　(b)耐火衬里向火表面温度

(c)旋风筒出口烟气温度　(d)固态渣层厚度

图 8-11　热风温度对适应性的影响

(D =2.4m, L =9.6m, δ_{rl} =20mm, α =1.1, q_{F0} =20000kW · m^{-2})

8.6　煤质特性的影响

8.6.1　灰分含量的影响

为了研究煤中灰分含量的影响，本章选取了 4 种不同灰分含量的烟煤，元素分析如表 8-3 所列。所选煤种的收到基灰分含量分别为 9.68%、19.78%、30.00%和 39.69%，同时为了减小因水分含量不同而产生的影响，这 4 种烟煤的收到基水分含量非常接近，最大偏差小于 2%。

表 8-3　所选 4 种烟煤的元素分析(质量分数/%，收到基)

C_{ar}	H_{ar}	O_{ar}	N_{ar}	S_{ar}	A_{ar}	M_{ar}	V_{daf}	$Q_{net,ar}$
%	%	%	%	%	%	%	%	$kJ \cdot kg^{-1}$
69.44	3.99	6.76	0.73	1.40	9.68	8.00	30.70	26820
58.86	3.36	6.98	0.79	0.63	19.78	9.60	32.31	22440
50.50	3.50	6.00	1.00	1.00	30.00	8.00	25.50	20010
40.73	3.42	5.21	0.98	0.77	39.69	9.20	25.00	16800

图 8-12 给出了燃用不同灰分含量的煤种时旋风筒对渣膜的适应性。灰渣的特性参数如表 8-1 所示，其他参数列在表 8-2 中。当负荷一定时，燃用煤种的灰分含量 A_{ar}越多，则产生的熔渣量越大。熔渣量的增大会加厚液态渣层，进而导致液态渣层向火表面温度 t_{zm} 升高。因此在 A_{ar}增大时，高温火焰向液态渣层向火表面的传热减弱，平均热流密度 q_x 减小，如图 8-12(a)所示。相应地，在图 8-12(b)中耐火衬里向火表面温度 t_{rl} 随着 A_{ar}的增大而降低。在图 8-12(c)中，旋风筒出口烟气温度 $\theta_{c,e}$ 随 A_{ar}的变化在 q_F 为 23000kW · m^{-2}时出现了转折点。当 q_F 小于 23000kW · m^{-2}时，$\theta_{c,e}$ 随 A_{ar}的增大而升高；而当 q_F 大于 23000kW · m^{-2}时，$\theta_{c,e}$ 随 A_{ar}的增大而降低。当燃料中的 A_{ar}增大时，q_x 的减小能够提高 $\theta_{c,e}$，然而燃料中低物理焓灰分吸热量的增多又会使 $\theta_{c,e}$ 有降低的倾向，最终 $\theta_{c,e}$ 随 A_{ar}的变化趋势取决于两种作用的相对强弱。图 8-12(d)指出，当 A_{ar}增大时固态渣层厚度 $\delta_{zm,s}$ 增加，因而旋风筒对渣膜的适应性提高。

8.6.2　灰渣临界温度的影响

灰渣临界温度 t_0 对旋风筒对渣膜的适应性的影响如图 8-13 所示。t_0 的变化范围为1150~1450℃，其他参数如表 8-1 和表 8-2 所列。在图 8-13(a)中，在截面

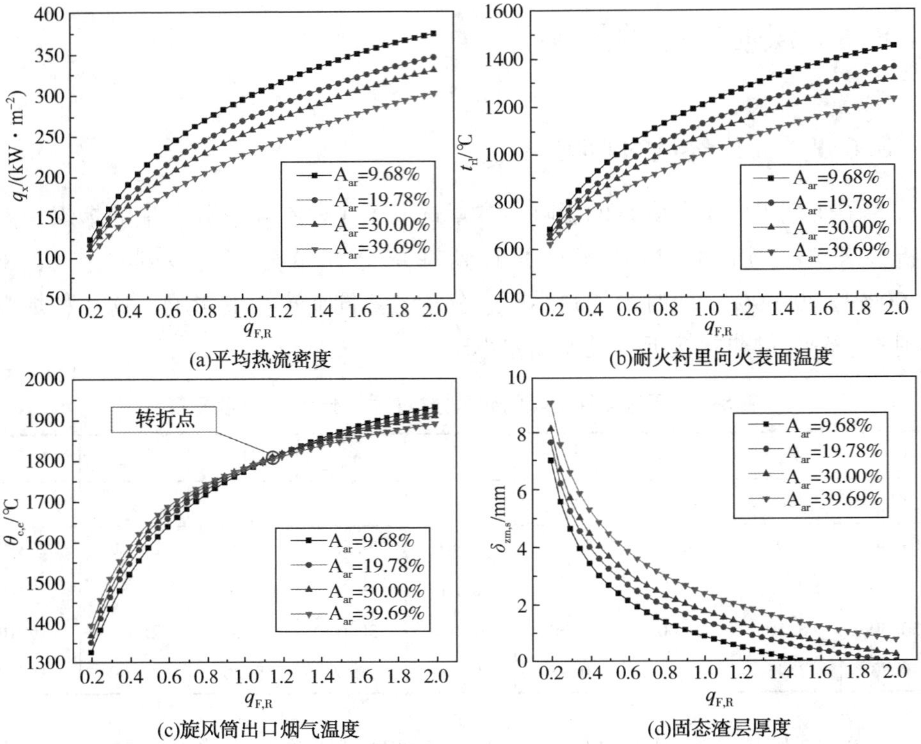

图 8-12　灰分含量对适应性的影响

(D = 2. 4m, L = 9. 6m, δ_{rl} = 20mm, α = 1. 1, t_{ph} = 400℃, q_{F0} = 20000kW · m^{-2})

热负荷 q_F 一定时平均热流密度 q_x 随着 t_0 的升高而减小。t_0 越高，液态渣层向火表面温度 t_{zm} 也越高。因此当 t_0 升高时高温火焰与液态渣层向火表面的传热温差减小，进而导致传热量减小。相应地，耐火衬里向火表面温度 t_{rl} 也随着 t_0 的升高而降低，如图 8-13(b)所示。q_x 的减小表明旋风筒内的传热量降低，因而旋风筒出口烟气温度 $\theta_{c,e}$ 会升高，即灰渣临界温度越高，旋风筒出口烟气温度也越高。根据适应性判定标准所确定的旋风筒安全运行的最小允许负荷随着 t_0 的升高却变化很小，如图 8-13(c)所示。因此可见旋风筒在燃用高灰熔点煤时火焰温度会升高，这使得旋风炉能够有效燃用更多煤种。在图 8-13(d)中，固态渣层厚度 $\delta_{zm,s}$ 随着 t_0 的升高而增大，Seggiani 和 Ye 等学者在他们的研究工作中也得出了类似的结论[233,234]。这表明 t_0 升高时旋风筒对渣膜的适应性提高。值得注意的是 t_0 的影响非常显著，当 t_0 从 1150℃升高到 1250℃时，安全运行的负荷范围扩展了大约 80%(Δq_1)，并且 Δq_2 大于 Δq_1。旋风炉在燃用低灰熔点煤时，若旋风筒对渣膜的适应性太小而不能满足运行要求时，则可以通过减薄耐火衬里或者提高耐火衬里的销钉布置密度来改进。

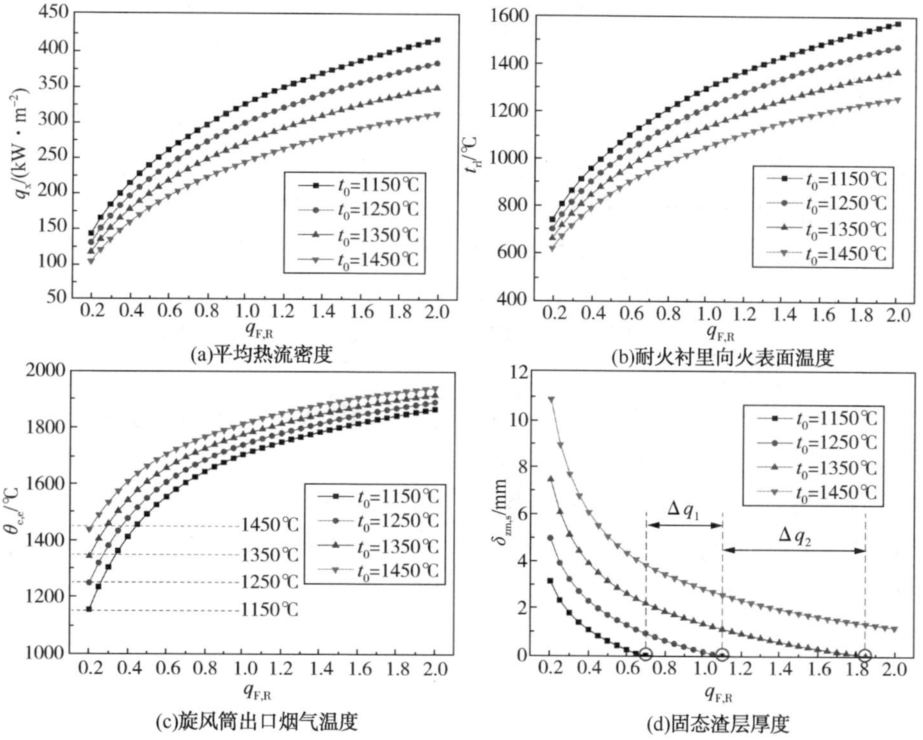

图 8-13 灰渣临界温度对适应性的影响

(D =2.4m, L =9.6m, δ_{rl} =20mm, α =1.1, t_{ph} =400℃, q_{F0} =20000kW·m^{-2})

8.7 本章小结

本章建立了旋风筒内从火焰到水冷壁管内工质的多层间壁传热模型及基于此模型的渣膜传热性能参数计算方法，并提出了旋风筒对渣膜的适应性判定准则来评估是否发生熔渣堵塞或耐火衬里过度磨蚀。之后应用提出的评估方法对旋风筒的负荷特性及适应性进行了研究。最后本章还系统地考察了设计参数(筒体直径、耐火衬里厚度)、运行条件(旋风筒内过量空气系数、热风温度)和煤质特性(灰分含量、灰渣临界温度)对旋风筒对渣膜的适应性的影响。主要结论如下：

(1) 本章提出的旋风筒对渣膜的适应性评估方法能够有效分析预测筒内渣膜的行为特性，所得的结果可以为旋风筒的设计及运行提供指导。

(2) 随着运行负荷的降低，旋风筒出口烟气温度降低，当负荷过低时将出现熔渣堵塞排渣口的不利工况；随着运行负荷的升高，旋风筒内固态渣层厚度减小，当负荷过高时熔渣对耐火衬里的磨损腐蚀将会加剧。因此旋风筒存在一个满足适应性判定标准的运行负荷区间。

(3) 当筒体直径增大时旋风筒对渣膜的适应性降低，但影响很小。增大耐火衬里厚度能够显著降低旋风筒对渣膜的适应性，并且由于固态渣层厚度的自动调节，耐火衬里厚度主要影响固态渣层，而对液态渣层的影响较小。

(4) 增大旋风筒内的过量空气系数能够降低燃烧的火焰温度，进而减小了旋风筒内的传热量，使得耐火衬里向火表面温度降低，固态渣层厚度增加，从而提高了旋风筒对渣膜的适应性。而提高热风温度能够升高火焰温度，进而产生了与增大过量空气系数相反的变化。

(5) 燃用煤种的灰分含量越多，产生的熔渣量就越大，从而加厚了液态渣层，使得筒内的传热量减小，旋风筒对渣膜的适应性提高。灰渣临界温度升高会导致旋风筒内传热量减小，并且灰渣临界温度越高，旋风筒出口烟气温度也越高，这使得旋风炉能够有效燃用更多煤种。此外灰渣临界温度也会显著影响旋风筒对渣膜的适应性，灰渣临界温度升高，适应性提高。

9 燃用高碱煤的新型旋风炉研究与设计

准东煤等高碱煤储量丰富、煤质优良。然而由于其碱金属含量高，当用于燃煤火力发电厂时会导致严重的锅炉受热面积灰结渣问题。受热面的积灰结渣会降低锅炉出力和效率、腐蚀压力部件、造成受热面壁面超温、引起停炉清理检修等，从而严重威胁锅炉的经济性和安全性。因此积灰结渣已成为限制准东煤等高碱煤广泛高效利用的关键问题。鉴于此，本章提出了采用液态排渣旋风炉来安全纯烧准东煤等高碱煤的技术路线。

本章首先分析了燃用准东煤等高碱煤时积灰结渣的形成机理及控制原理，提出了一种能够安全燃用高碱煤的锅炉设计方法。其次从热力系统布置、锅炉传热、煤粉着火和燃烧、钢材消耗量这 4 个方面讨论了该设计方法的可行性与经济性，并指出在液态排渣旋风炉上最适合实现这种设计方法。之后结合烟气再循环，得到了燃高碱煤旋风炉的优化实施方案。最后以准东煤(紫金煤)为设计煤种，设计了一台容量为 220t/h 的防积灰结渣新型旋风炉，具体设计方案包括制粉系统设计、高温强还原低 NO_x 燃烧旋风筒设计、捕渣管束设计、布置 OFA 的炉膛设计和整体布置设计。

9.1 燃用高碱煤锅炉的设计理论与方法

9.1.1 高碱煤利用工程背景

我国煤炭资源分布广泛，种类繁多。经过数十年的经验积累和科研开发，我国现在基本已能设计、制造适合各类煤种的锅炉。然而有的煤种由于其自身成分的特殊性，至今仍不能安全高效利用，最为典型的如准东煤等高碱煤[235]。

高碱煤广泛分布在美国、澳大利亚和中国。我国的高碱煤主要集中在近些年发现于新疆的准东煤田。准东煤田预测储量达 3900 亿 t，是我们国家目前最大的整装煤田。若按 2015 年我国的煤炭年消费量计算，一个准东煤田就够全国使用近一百年。准东煤不仅储量丰富，而且具有低灰、低硫、可燃性高等优点。然而准东煤由于其碱金属含量高，当用于燃煤火力发电厂时会导致严重的锅炉受热面积积灰结渣问题[236-239]。受热面的积灰结渣会降低锅炉出力和效率、腐蚀压力部件、造成受热面壁面超温、引起停炉清理检修等，从而威胁锅炉的经济性和安全性[240-243]。

与燃用常规煤种不同，燃用准东煤所引起的积灰结渣更为严重，且不易被吹灰器吹除。图 9-1 展示了我国一台 125MW 燃煤发电机组燃用准东煤前后其高温再热器的沾污情况对比。由该图可见在燃用准东煤后，高温再热器产生了严重的积灰问题，并且这些灰具有极高的粘结性，在停炉清理时都无法用水冲洗掉。这些粘结灰几乎覆盖了高温再热器管束的所有管子，甚至造成了局部烟道的堵塞，严重威胁到锅炉的正常运行。因此，积灰结渣已成为限制准东煤等高碱煤广泛高效利用的关键问题。但是截至目前，该问题依然没有得到有效的解决，现在火力发电厂在燃用准东煤时只能掺烧，而更多的电厂已选择放弃购入准东煤。如何高效燃用准东煤已成为国内各大电力集团及科研机构关注的焦点，同时也成为关系到国家能源战略部署的重大问题。

(a)燃用准东煤之前

(b)燃用准东煤之后

图 9-1　一台 125MW 燃煤发电机组高温再热器的沾污情况

9.1.2　高碱煤燃烧积灰结渣机理与控制原理

准东煤等高碱煤碱金属含量高，在燃烧时会释放出大量的气态碱金属化合物。这些挥发态碱金属很容易冷凝在受热面表面，与 Fe_2O_3 和 SO_3 等反应而形成呈黏稠状熔融态的冷凝液膜。以这层液膜为粘结剂，一方面捕集飞灰，一方面还可继续形成粘结物，使得高温粘结灰层迅速增长，最终导致严重的积灰结渣问题，而且这种沾污十分难以清除[244-252]。因此高碱煤燃用时的积灰结渣过程主要与挥发态碱金属有关，要防止积灰结渣就要设法控制烟气中的气态碱金属化合物[253-257]。

图 9-2 展示了高碱煤在锅炉中燃烧时沿烟气流程挥发态碱金属的转化规律。

高碱煤在锅炉炉膛内燃烧时，煤中挥发态碱金属会挥发出来混合在烟气中。之后挥发态碱金属随烟气离开炉膛出口进入到高温对流区段，在高温对流受热面，挥发态碱金属会扩散到低温的管壁上凝结并产生一层粘结层。这层粘结层导致了高温粘结灰层的形成与增长。图中灰色的区域为积灰结渣产生的区域。随着烟气温度的降低，未被高温对流管束捕捉的挥发物凝结在烟气中的飞灰颗粒上并凝固[258-264]。因此，低温对流区段的沾污以干松灰为主，干松灰十分容易被吹灰器清除。根据上述分析，成功预防高碱煤积灰结渣的关键就是要设法减少进入高温对流管束的气态碱金属化合物的量。挥发物的相态主要是由温度决定的，因此通过控制烟气温度来转化这些挥发物是可行的。在锅炉中控制烟气温度最行之有效的方法就是控制炉膛出口烟温，如果炉膛出口烟温能够降低到大部分气态碱金属化合物的凝结温度以下，那么就可以极大减少进入高温对流管束的气态碱金属化合物的量，从而避免积灰结渣的形成。

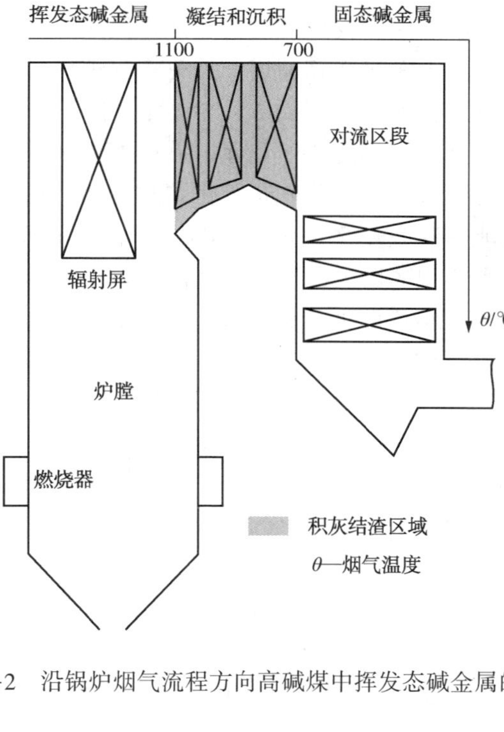

图 9-2 沿锅炉烟气流程方向高碱煤中挥发态碱金属的转化

9.1.3 燃高碱煤锅炉的设计方法

在一般锅炉的设计中，炉膛出口烟温的选取主要取决于煤灰的变形温度，通过控制炉膛出口烟温在煤灰的变形温度以下来防止受热面的积灰结渣[18]。然而在燃用准东煤等高碱煤时，仅考虑煤灰的变形温度来预防积灰结渣并不合适，需要将炉膛出口烟温降低到大部分挥发态碱金属的凝结温度以下来固化烟气中的碱金属。表 9-1 列出了高碱煤在燃烧时释放到烟气中的常见 Na 化合物的熔点。由于煤中 Na 主要以挥发态 NaCl 的形式释放，因此期望的炉膛出口烟温应该低于 NaCl 的熔点温度。据此本文提出了一种能够安全燃用高碱煤的锅炉设计方法，其相应的锅炉热力系统在正常运行时控制炉膛出口烟温在 800℃以下。

表 9-1 常见 Na 化合物的熔点

Na 化合物	熔点/℃	Na 化合物	熔点/℃
Na_2O	611	Na_2CO_3	851
$Na_3Fe(SO_4)_3$	623	Na_2SO_4	884
$Na_3Al(SO_4)_3$	646	Na_2SiO_3	1088
NaCl	801	Na_4SiO_4	1088

大型煤粉锅炉的炉膛既是燃料燃烧的场所，同时也是传热的场所，且传热过程以辐射传热为主。炉膛的一个很重要的功能是降低热烟气的温度到过热器所能够接受的水平。为了燃用准东煤等高碱煤，需要将锅炉热力系统的炉膛出口烟温降低到 800℃以下。要满足这个设计要求，与常规锅炉相比需要增大炉膛内的辐射受热面来进一步冷却烟气。如图 9-3 所示，在燃高碱煤的新型锅炉设计中，炉膛的宽度、深度和高度都增加了，此外布置在炉膛上部的辐射大屏也增大了。通过这种结构设计炉膛能够吸收更多的烟气热量，从而达到期望的炉膛出口烟温；并且由于炉膛截面积和容积的增大，炉膛的截面热负荷和容积热负荷减小，炉膛内的结渣倾向也会随之减小。此外，燃高碱煤新型锅炉内的对流传热份额降低，因此对流区段的规模将会缩小。

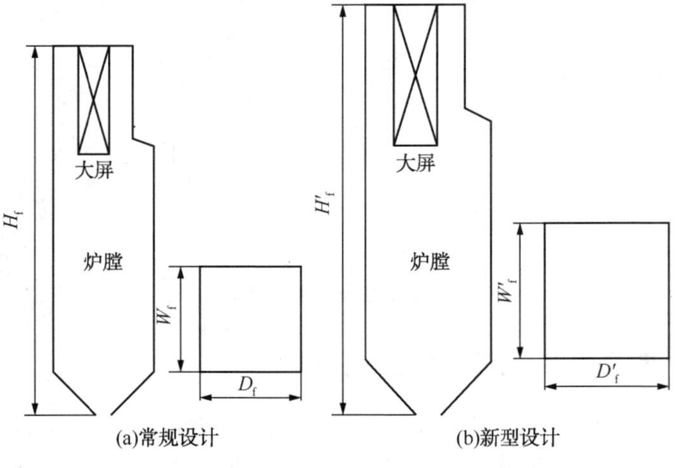

图 9-3 燃高碱煤新型锅炉设计与常规锅炉设计的炉膛尺寸比较

9.2 燃高碱煤锅炉设计方法可行性与经济性分析

9.2.1 锅炉受热面传热计算方法

锅炉的良好设计和运行离不开准确的受热面传热计算方法。根据计算的用途，传热计算可以分为设计计算和校核计算。设计计算用于新锅炉的受热面设计，而校核计算用于对已有锅炉设备进行分析。设计计算和校核计算基于相同的传热计算原理、公式及图表。

炉膛内辐射受热面的传热计算公式为[14]：

$$Q_{rad} = A_f \psi a_T \sigma_0 T_y \tag{9-1}$$

式中 Q_{rad} ——炉膛辐射传热量，W；

A_f ——炉膛包围墙面积，m^2；

ψ ——热有效系数；

a_T ——炉膛黑度；

σ_0 ——Stefan-Boltzmann 常数，$W \cdot m^{-2} \cdot K^{-4}$；

T_y ——火焰有效平均温度，K。

锅炉对流受热面的传热计算公式为：

$$Q_{con} = UA_c \Delta t \tag{9-2}$$

式中 Q_{con} ——管束对流传热量，W；

U ——管束对流传热系数，$W \cdot m^{-2} \cdot K^{-1}$；

A_c ——管束对流受热面积，m^2；

Δt ——传热温差，K。

本章定义了折算辐射传热系数：

$$\alpha_{rad} = \frac{Q_{rad}}{A_f(T_y - T_g)} \tag{9-3}$$

式中 α_{rad} ——折算辐射传热系数，$W \cdot m^{-2} \cdot K^{-1}$；

T_g ——工质温度，K。

α_{rad} 反映了炉膛辐射受热面的传热效果。它与很多因素有关，如烟气物理性质、炉内温度、炉膛结构、受热面上的积灰结渣情况等。在燃用高碱煤的锅炉中，炉膛内的辐射传热量占锅炉总传热量的份额增大，因此，在合理参数范围内使得 α_{rad} 增大具有更加重要的意义。

9.2.2 可行性分析

1）热力系统布置

锅炉燃用准东煤时，不同炉膛出口烟温下炉膛和对流区段的吸热量在锅炉总吸热量中的占比如图 9-4 所示。随着炉膛出口烟温的降低，炉膛的吸热量增加而对流区段的吸热量降低。炉膛出口烟温每变化 100℃，炉膛或对流区段的相对吸热量大约变化 5%。特别地，当炉膛出口烟温降低到燃高碱煤所需的 800℃时，炉膛吸热量几乎是对流区段吸热量的 2 倍。因此，在燃用高碱煤的锅炉中应该在炉膛内布置更多的受热面来实现相应的锅炉热力系统吸热分配。

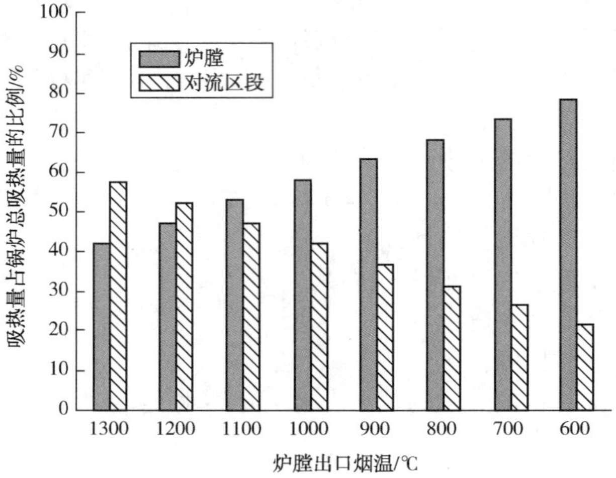

图 9-4　不同炉膛出口烟温下炉膛和对流区段的吸热量占比
（总吸热量含空气预热器吸热量）

在如此低的炉膛出口烟温下，燃高碱煤锅炉的热力系统布置也需要进行调整。以一台容量为 $220t \cdot h^{-1}$ 的煤粉炉为例，沿烟气流程锅炉受热面的出口烟气温度如图 9-5 所示。如果要将炉膛出口烟温维持在 800℃的水平，则二级过热器和部分高温过热器的吸热过程则应该在炉膛内完成。这意味着二级过热器和部分高温过热器应该布置在炉膛中作为辐射式过热器。辐射式过热器的型式有墙式过热器和宽节距的大屏过热器，墙式过热器在结构上类似于水冷壁。这个分析假定水冷壁的吸热量保持不变。实际上当炉膛放大时，水冷壁的吸热量增加而应该由省煤器所吸收的热量减少。最终，更多的加热吸热量和过热吸热量将在炉膛内通过辐射传热获得。

图 9-6 给出了不同容量锅炉各种受热面的吸热量占锅炉有效吸热量的比例，包括省煤器、水冷壁、过热器、再热器和燃高碱煤新型锅炉的炉膛。随着锅炉容量的增大，蒸发吸热量在总吸热量中所占的比例下降。当锅炉容量超过 $1000t \cdot h^{-1}$ 时，锅炉热力系统的吸热分配变化将不再明显。若在锅炉中应用所提出的燃高碱煤锅炉设计方法，则无论锅炉容量大小炉膛吸热量都将大幅增加。为了达到既定要求，过热器、再热器和省煤器的部分吸热过程需要在炉膛内完成。因此，除了

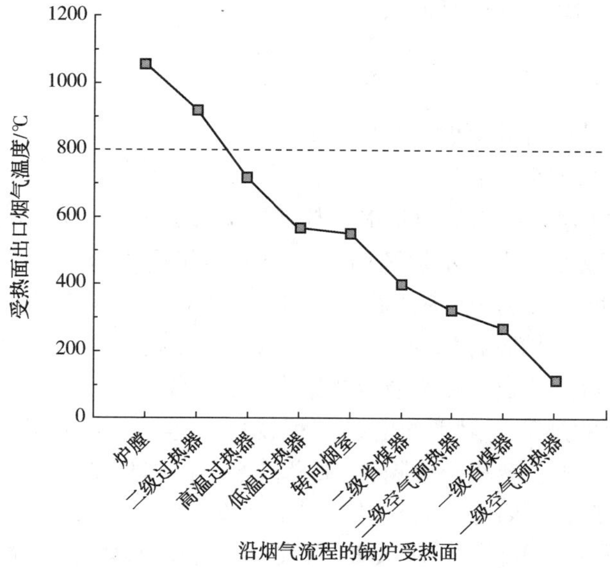

图 9-5 一台 220t·h^{-1}煤粉炉的热力系统烟气温度分布

增大炉膛容积以外，在燃用高碱煤的锅炉热力系统中还应该布置更多的辐射式过热器、辐射式再热器，甚至辐射式省煤器。

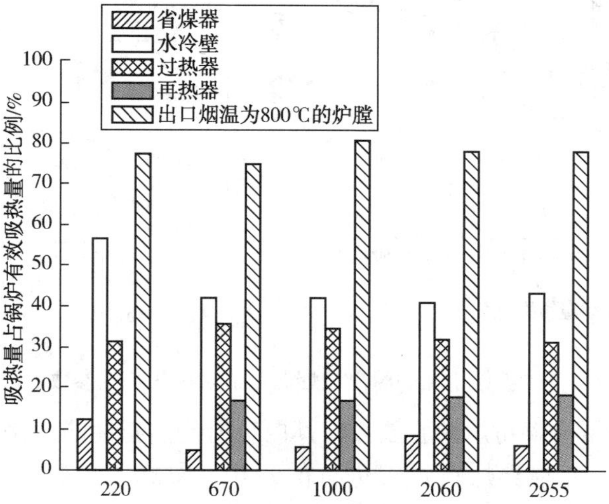

图 9-6 不同容量锅炉各种受热面的吸热量占锅炉有效吸热量的比例

2）锅炉传热

锅炉炉膛内的辐射传热与炉膛的有效辐射层厚度 s_f 和炉内介质的辐射减弱系

数 k_f 密切相关。s_f 按式(9-4)确定：

$$s_f = 3.6\frac{V_f}{A_f} \tag{9-4}$$

式中　s_f——炉膛的有效辐射层厚度，m；

V_f——炉膛容积，m^3。

炉膛结构和炉膛出口烟温对辐射传热特性参数 s_f 和 k_f 的影响如图 9-7 所示。用炉膛容积和炉膛形状来表示炉膛结构，炉膛形状用炉膛的高/径比 H_f/d_f 来描述，H_f 为炉膛高度，d_f 为炉膛横截面的平均当量直径。在图 9-7(a)中，炉膛的有效辐射层厚度 s_f 随着炉膛容积的增大而增大，即炉膛容积增大时，炉内介质容积辐射的平均射线行程变长。在炉膛容积给定时，H_f/d_f 的增大会导致 s_f 的减小，即"瘦高"形炉膛内的烟气辐射平均射线行程较短。此外，当炉膛内布置有辐射大屏时，由于大屏对炉膛容积的分隔，s_f 显著减小。由图 9-7(b)可以看出，随着炉膛出口烟温的降低，炉内介质的辐射减弱系数 k_f 增大。当炉膛出口烟温一定时，当 s_f 增大时 k_f 减小。因此当炉膛放大时，由于炉膛出口烟温的降低和 s_f 的增大，使得 k_f 的变化并不大。

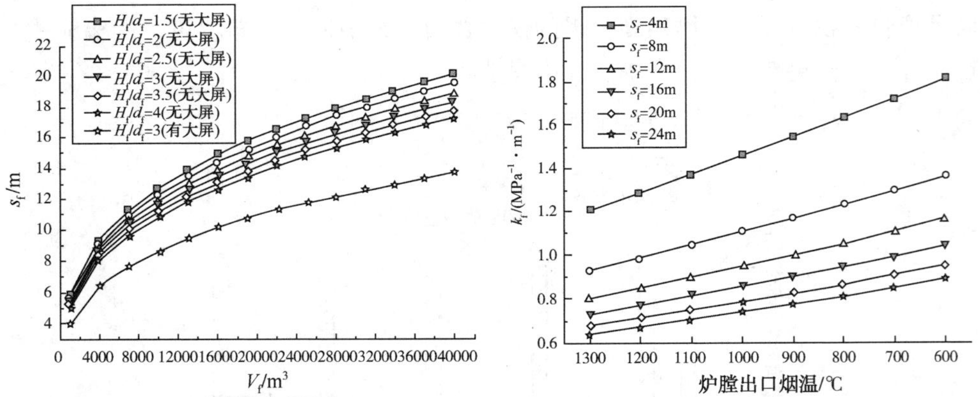

(a)炉膛结构的影响　　(b)炉膛出口烟温的影响

图 9-7　炉膛结构和炉膛出口烟温对辐射传热特性参数的影响

图 9-8 展示了当煤粉炉炉膛放大时其内辐射传热特性的变化。这些计算是在一台 $1000t\cdot h^{-1}$ 的亚临界煤粉炉中进行的，并且忽略了炉膛积灰结渣情况的变化。如图 9-8(a)所示，当炉膛横截面的平均当量直径 d_f 增大时，炉膛容积 V_f 和炉膛包围墙面积 A_f 都增大，炉膛内水冷壁将吸收更多的烟气热量，相应地炉膛出口烟温降低。更进一步地，图 9-8(b)表明炉膛黑度 a_T 随着 d_f 的增大而增大。正如前面所讨论的，炉内介质的辐射减弱系数 k_f 在 d_f 增大时变化较小，因此 a_T 的增大主要是由炉膛的有效辐射层厚度 s_f 增加引起的。此外，折算辐射传热系数

α_{rad} 在炉膛放大时减小。当 d_f 增大时，尽管 a_T 的增大有利于增强炉内辐射换热，但 α_{rad} 还是显著减小，这是由于能够强烈影响辐射强度的火焰温度降低了。

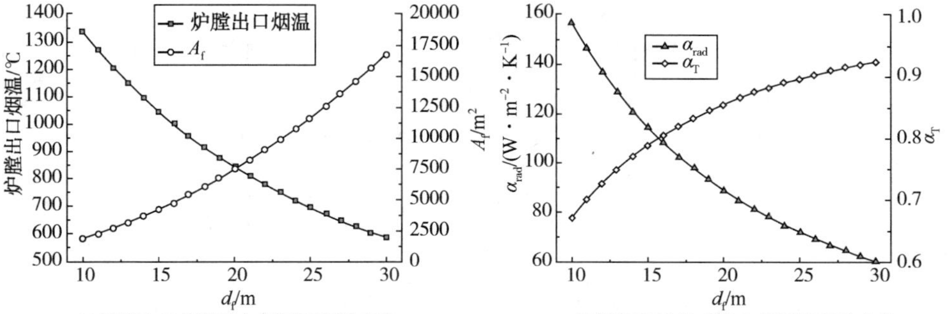

(a)炉膛出口烟温和包围墙面积的变化　(b)折算辐射传热系数和炉膛黑度的变化

图 9-8　煤粉炉炉膛放大时辐射传热特性的变化($H_f/d_f=3$)

燃高碱煤新型锅炉与常规锅炉在对流区段的传热特性上并没有区别。然而当锅炉的炉膛出口烟温降低时，对流区段的传热温差减小，吸收相同热量时所需的受热面面积增大，即增加了受热面的钢材消耗量，并且维持额定的主蒸汽温度和再热蒸汽温度也会变得困难。因此需要综合考虑炉膛和对流区段的传热，优化出兼顾可靠性和经济性的燃高碱煤锅炉热力系统。

3）煤粉着火和燃烧

煤粉着火和燃烧是燃煤锅炉炉膛设计中需要考虑的最重要的因素之一。本章提出的燃高碱煤锅炉设计方法通过放大炉膛来降低炉膛出口烟温，随之带来的问题是对煤粉着火和燃烧产生不利的影响。在煤粉炉中随着炉膛出口烟温的降低，炉膛截面热负荷 q_T 和火焰有效平均温度 T_y 均降低，如图 9-9 所示。q_T 和 T_y 越低，炉内的燃烧强度越小。当 q_T 和 T_y 低到一定程度时，炉膛内煤粉着火和燃烧将不能自持。因此当煤粉炉采用放大炉膛的方法来降低炉膛出口烟温时，其内的煤粉着火和燃烧将变得非常困难。

在层燃炉中，由于炉拱的布置使得炉膛放大对煤的着火和燃烧影响很小，但较低的锅炉效率以及大型化困难极大地限制了层燃炉在火力发电中的应用。与煤粉炉类似，当低炉膛出口烟温设计用于循环流化床锅炉时，燃料着火和燃烧所面临的困难依然存在，并且当循环流化床锅炉在燃用高碱煤时炉膛内的结块问题也会加剧。而在旋风炉中，炉膛内的燃烧和传热是在不同的炉室中进行的。燃料燃烧主要发生在旋风筒内而高温燃烧产物的辐射传热主要发生在炉膛内。当旋风炉的炉膛放大时，燃料在旋风筒内的着火和燃烧几乎不受影响。因此，在液态排渣旋风炉上最适合实现本章所提出的燃高碱煤锅炉设计方法。

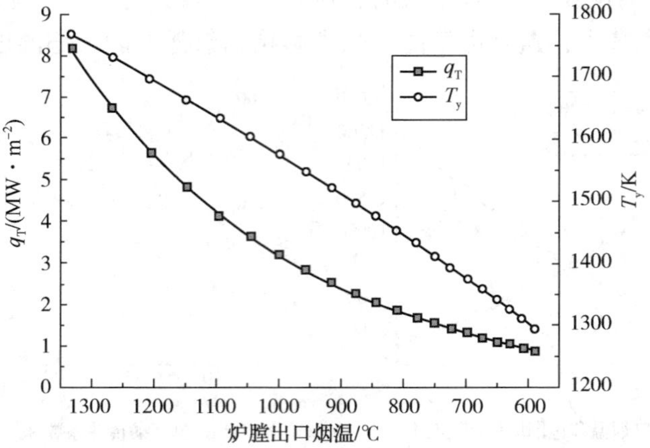

图 9-9　煤粉炉炉膛出口烟温对燃料着火和燃烧的影响

9.2.3　经济性分析

图 9-10 给出了燃高碱煤新型锅炉设计和常规锅炉设计之间的钢材消耗量对比。这个估算是在一台以准东煤为设计煤种的 220t · h^{-1}煤粉炉上进行的，锅炉受热面的物理布置参数如表 9-2 所列。在新型锅炉设计中，二级过热器布置在炉膛内作为辐射大屏，并且炉膛出口烟温控制在 800℃水平。本节用受热面面积来衡量钢材消耗量的大小，汽水连接管道、锅炉支架等的钢材消耗量并未纳入考

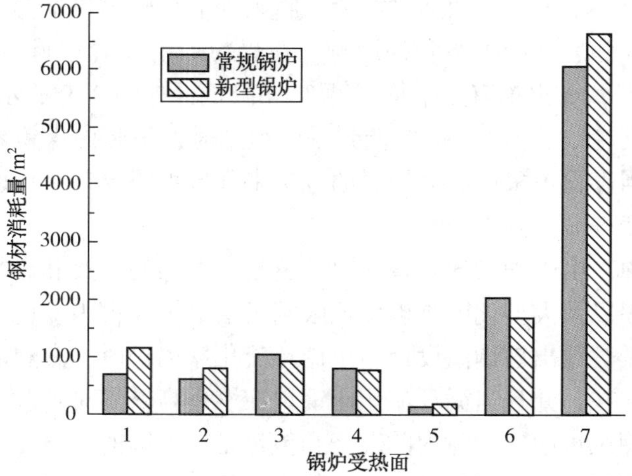

图 9-10　新型锅炉设计与常规锅炉设计的钢材消耗量对比

1—炉膛水冷壁；2—二级过热器；3—高温过热器；4—低温过热器；
5—转向烟室；6—两级省煤器；7—整台锅炉(不包含空气预热器)

虑。锅炉炉膛内采用焊接膜式水冷壁，在计算受热面面积时考虑的是它的单面曝光表面积。为了便于比较，当计及整台锅炉时水冷壁的面积按双倍计入。图中新型锅炉的水冷壁和二级过热器的钢材消耗量增加而其他主要受热面的减少。由整台锅炉的估算结果可见，新型锅炉设计的钢材消耗量相对于常规锅炉设计的增加了大约 10%。

表 9-2　一台 $220t \cdot h^{-1}$ 新型/常规煤粉炉的受热面物理布置(受热面编号同图 9-10)

炉膛			对流受热面					
结构参数	单位	受热面 1	结构参数	单位	受热面 2	受热面 3	受热面 4	受热面 6
宽度	m	11/7.6	管子外径	mm	42/42	42/42	38/38	32/32
深度	m	11/7.6	横向节距	mm	1000/582	100/100	100/100	60/60
高度	m	31/21.3	纵向节距	mm	59/59	89/89	80/80	88/88
容积	m^3	3518/1116	受热面积	m^2	790/613	920/1060	780/815	1680/2038
表面积	m^2	1154/691	流通面积	m^2	-/57	35/26	30/21	27/19

9.3　燃高碱煤旋风炉的优化实施方案

9.3.1　燃用高碱煤的旋风炉热力系统

根据上一节的论述，在液态排渣旋风炉上最适合应用本文所提出的燃高碱煤锅炉设计方法。图 9-11 展示了燃用高碱煤的旋风炉热力系统。该锅炉热力系统采用加大炉膛容积和增加辐射换热面积的设计，在实际运行中维持炉膛出口烟温在 800℃以下并配合以吹灰器来防止积灰结渣，同时燃料正常的着火和燃烧也可以得到保障。

在燃用高碱煤的旋风炉热力系统中，一次风和燃料从旋风筒前端的燃烧器进入旋风筒内，在切向进入的高速二次风携带下旋转前进。燃料受热后开始着火并燃烧，直至燃尽排出筒外。在旋风筒内高温燃烧的作用下，高碱煤中的低熔点碱金属化合物全部挥发出来，混合在烟气中随之进入主炉膛，而煤中灰分则熔化成液态渣从旋风筒下部的出渣口流入炉膛底部，并从炉底排渣口排入渣池中。旋风炉的捕渣率一般可达 70%～85%，即只有 15%～30%的灰分随烟气进入炉膛，因此旋风炉炉膛内的飞灰浓度明显低于煤粉炉，使得炉膛水冷壁结焦结渣的可能性大大降低。从旋风筒出来混合有挥发态碱金属化合物和飞灰的烟气在炉膛内辐射

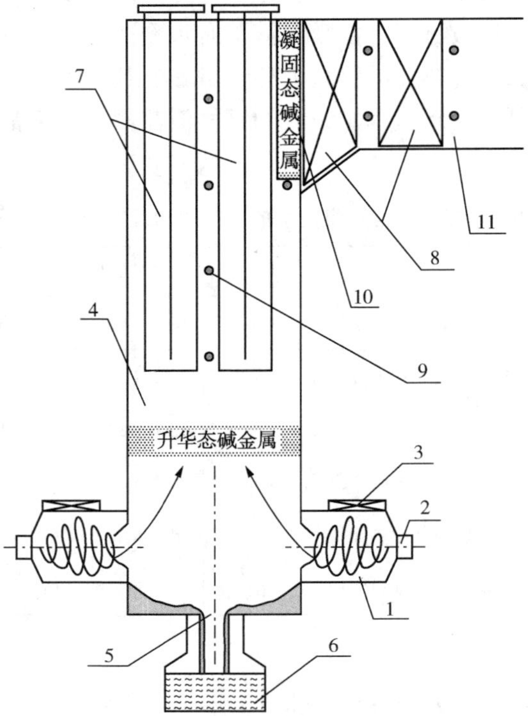

图 9-11　燃用高碱煤的旋风炉热力系统

1—旋风筒；2—燃烧器；3—二次风口；4—大容积炉膛；5—炉底排渣口；6—渣池；7—加长辐射大屏；8—对流受热面；9—吹灰器；10—炉膛出口；11—水平烟道

放热，由于炉膛容积和辐射换热面的增大，炉膛内温度水平和炉膛出口烟温降低。温度水平的降低有助于更进一步抑制炉膛结焦结渣。降低炉膛出口烟温至气相碱金属化合物的凝结温度以下，使得升华态碱金属在炉膛内的烟气中全部凝固下来，保证在进入炉膛出口后方对流受热面的烟气中不再含有挥发态碱金属化合物，进而避免了升华态碱金属在受热面表面的凝结，从而解决高温对流受热面中的严重积灰结渣问题。混合有升华态碱金属的烟气在流经炉膛上部的辐射大屏时以辐射换热为主，通过对流扩散作用到达大屏表面而凝结的挥发态碱金属化合物很少，再配合以吹灰器，屏区结渣挂渣的问题也可得到解决。之后烟气流过对流受热面，因为烟气中所含的碱金属化合物均已凝固，此时的受热面沾污以干松灰为主，积聚的干松灰灰粒间呈松散状态，在吹灰器的作用下十分易于清除。此外，因为旋风炉的燃烧过程主要发生在旋风筒内，因此炉膛结构的变化对燃料的着火和燃烧几乎没有影响，从而保证了该锅炉热力系统的正常运行。

9.3.2 采用烟气再循环的优化实施方案

除了增大炉膛辐射换热量外，另一种有效控制炉膛出口烟温的方法是烟气再循环。来自锅炉尾部烟道的低温再循环烟气与炉膛出口的高温烟气直接混合，从而降低炉膛出口烟温至气态碱金属化合物的凝结温度以下。假设初始炉膛出口烟温为 1100℃，表 9-3 列出了采用烟气再循环来降低炉膛出口烟温至 800℃时所需要的再循环烟气量。由表中所列结果可见，采用烟气再循环可以达到降温的目的，但所需的再循环烟气量较大，烟气再循环率一般在 50%以上，如此降低了锅炉的实用性。

表 9-3 所需要的再循环烟气量计算结果

再循环烟气温度/℃	烟气再循环率/%	再循环烟气温度/℃	烟气再循环率/%
130	49.39	300	64.78
200	54.64	350	71.58
250	59.28	400	79.97

考虑到仅采用烟气再循环降低炉膛出口烟温时所需的再循环烟气量大的问题，可以将燃用高碱煤的旋风炉热力系统与烟气再循环结合起来，形成如图9-12所示的优化实施方案。该燃高碱煤旋风炉的优化实施方案采用两级降温设计。第一级降温设计是在旋风燃烧方式下增大炉膛辐射受热面积，降低炉膛出口烟温；第二级降温设计是采用烟气再循环并在炉膛出口设置混合烟室，在混合烟室中降低进入对流受热面的烟气温度至气态碱金属化合物的凝结温度以下。

与单独采用在旋风炉的基础上增大炉膛辐射受热面的方法相比，这种优化实施方案的炉膛出口烟温不必一次性降低到气态碱金属化合物的凝结温度以下，因此提高了炉膛内辐射受热面的利用率，同时由于采用了烟气再循环，使得进入对流受热面的烟气温度的可调节性大大增强。与单独采用烟气再循环的方法相比，该优化实施方案减少了降低烟气温度到期望值时所需要的再循环烟气量，一方面降低了烟气再循环系统的投资和运行电耗，另一方面提高了整个锅炉系统的可用性，同时由于采用了旋风燃烧方式，烟气中飞灰浓度大幅降低，且多为较细小的颗粒，对流受热面的磨损也会减轻。此外，在旋风燃烧方式下燃料的燃烧效率高，且没有对冲燃烧和切圆燃烧存在的一次风带粉气流贴壁现象。设置的混合烟室和烟气混合喷射装置可实现从炉膛出来的高温烟气与低温再循环烟气的均匀混合，运行中通过温控装置、管道阀门等控制再循环烟气量可方便调节进入对流受热面的烟气温度。该优化实施方案能够促进我国准东煤等高碱煤的安全高效利用。

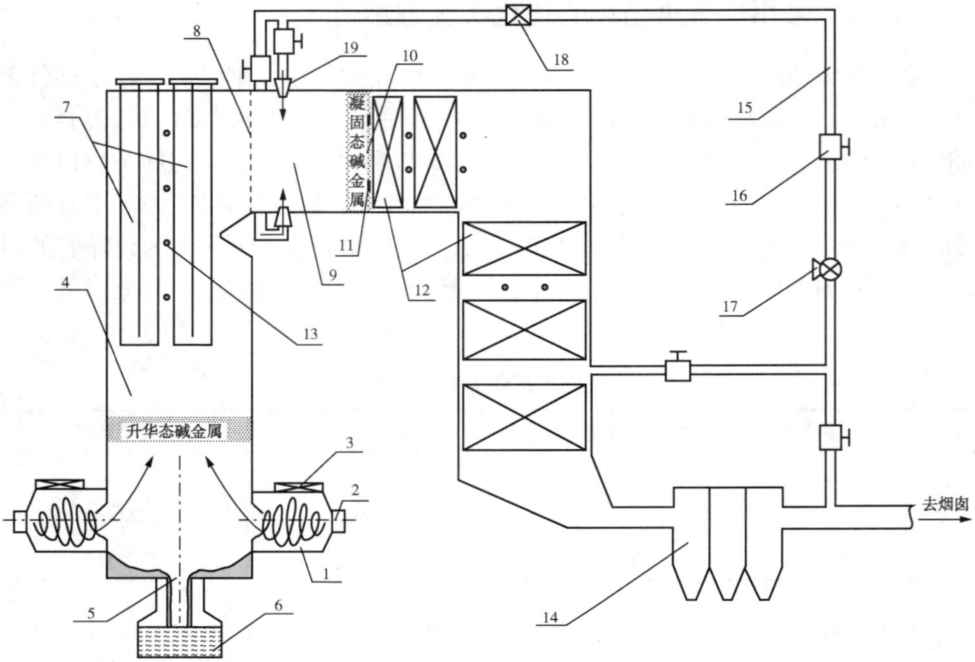

图 9-12　燃高碱煤旋风炉的优化实施方案

1—旋风筒；2—燃烧器；3—二次风口；4—大容积炉膛；5—炉底排渣口；6—渣池；7—加长辐射大屏；8—炉膛出口；9—混合烟室；10—混合烟室出口；11—温控装置；12—对流受热面；13—吹灰器；14—除尘器；15—烟气再循环管道；16—管道阀门；17—烟气再循环风机；18—温度流量测量装置；19—烟气混合喷射装置

9.4　燃用高碱煤的 $220t\cdot h^{-1}$新型旋风炉设计

本节在新型旋风炉的基础上，应用提出的优化实施方案，对一台容量为 $220t\cdot h^{-1}$的燃高碱煤新型旋风炉进行了实例设计，具体的设计方案包括制粉系统设计、高温强还原低 NO_x燃烧旋风筒设计、捕渣管束设计、布置 OFA 的炉膛设计和整体布置设计。

9.4.1　设计煤种和锅炉的基本参数

锅炉的设计煤种选用新疆准东煤中的紫金煤，其煤质分析和灰成分分析如表 9-4 和表 9-5 所示。从紫金煤的煤质分析和灰成分分析可以看出，紫金煤属于易着火、燃烧、燃尽的烟煤，发热量较高。灰分中 Na_2O 的含量较常规煤种要高得多，间接反映出准东煤中 Na 含量高的特点。准东煤的哈氏可磨性指数 HGI 一般在 100 以上，属于易磨煤种，且对研磨件的磨损性不强。

表 9-4 紫金煤的煤质分析(质量分数/%，收到基)

M_{ar}	A_{ar}	V_{daf}	FC_{ar}	C_{ar}	H_{ar}	N_{ar}	O_{ar}	$S_{t,ar}$	$Q_{gr,d}$	$Q_{net,ar}$
%	%	%	%	%	%	%	%	%	$kJ \cdot kg^{-1}$	$kJ \cdot kg^{-1}$
14.40	3.52	34.58	53.70	64.69	3.72	0.77	12.33	0.58	30070	24640

表 9-5 紫金煤的灰成分分析

Fe_2O_3	Al_2O_3	CaO	MgO	TiO_2	SiO_2	SO_3	K_2O	Na_2O	DT	ST	HT	FT
%	%	%	%	%	%	%	%	%	℃	℃	℃	℃
20.33	11.67	15.26	3.04	1.56	15.90	15.10	0.63	12.77	1300	1320	1330	1340

设计的旋风炉为立式单炉膛、平衡通风、无再热、液态排渣高压循环炉，整体采用 Π 型布置。锅炉的基本参数如表 9-6 所示。

表 9-6 燃高碱煤新型旋风炉的基本参数

参数	单位	数值	参数	单位	数值
额定蒸发量	$t \cdot h^{-1}$	220	给水压力	MPa	11.6
额定蒸汽温度	℃	540	排烟温度	℃	135
额定蒸汽压力	MPa	9.8	对流受热面入口烟温	℃	800
汽包压力	MPa	11	锅炉连续排污率	%	2
给水温度	℃	215			

9.4.2 制粉系统设计

立式旋风炉适于燃用粉状燃料，可配备仓储式或直吹式制粉系统。在本方案设计中选用中速磨煤机正压直吹式冷一次风机制粉系统，一次风携带煤粉进入立式旋风筒中在切向二次风的作用下形成旋风燃烧。此外一次风还有对燃料进行干燥的作用。根据 $220t \cdot h^{-1}$旋风炉的热平衡计算结果(表 9-7)，锅炉的燃料消耗量为 $24.68t \cdot h^{-1}$，用此燃料消耗量及设计煤种参数进行了磨煤机选型和制粉系统设计，主要结果如表 9-8 和表 9-9 所示。磨煤机选用 HP683 型碗式中速磨煤机，磨碗直径为 19dm，磨辊直径为 11dm。离开磨煤机进入旋风筒的煤粉细度 $R_{90}=30\%$，煤粉水分 $M_{pc}=4.8\%$。

表 9-7　220t · h⁻¹燃高碱煤新型旋风炉的热平衡计算结果

参数	单位	数值	参数	单位	数值
排烟温度	℃	135	液态排渣的温度	℃	1440
排烟处过量空气系数	—	1.35	灰渣物理热损失	%	0.19
排烟焓	$kJ \cdot kg^{-1}$	1712	锅炉热效率	%	92.72
排烟热损失	%	5.99	保热系数	—	0.9936
化学不完全燃烧热损失	%	0	锅炉有效利用热	kW	156795
机械不完全燃烧热损失	%	0.5	燃料消耗量	$t \cdot h^{-1}$	24.68
散热损失	%	0.6	计算燃料消耗量	$t \cdot h^{-1}$	24.55

表 9-8　磨煤机性能参数计算结果

项目	单位	结果
制粉系统类型	—	中速磨煤机正压直吹式冷一次风机制粉系统
干燥剂组分	—	热风+冷风
磨煤机型号	—	HP683
运行台数	台	1
磨煤机最大研磨出力	t/h^{-1}	37.896
磨煤电耗率	$kW \cdot h \cdot t^{-1}$	6.483
运行条件下磨煤机通风量	$kg \cdot s^{-1}$	8.608
密封风量	$kg \cdot s^{-1}$	1.365
出力裕度	—	>110%

表 9-9　制粉系统设计的主要结果

磨煤机性能参数计算结果			制粉系统热力计算结果		
参数	单位	结果	参数	单位	结果
制粉系统类型	—	直吹式	始端干燥剂量	$kg \cdot kg^{-1}$	1.26
干燥剂组分	—	热风+冷风	热风温度	℃	400
磨煤机型号	—	HP683	冷风温度	℃	20
运行台数	台	1	热风占干燥剂的份额	—	0.822
备用台数	台	1	冷风占干燥剂的份额	—	0.178
最大研磨出力	$t \cdot h^{-1}$	37.90	干燥剂初温	℃	334
磨煤电耗率	$kW \cdot h \cdot t^{-1}$	6.48	始端干燥剂混合物密度	$kg \cdot Nm^{-3}$	1.285
磨煤机通风量	$kg \cdot s^{-1}$	8.61	一次风率	%	14.77
密封风量	$kg \cdot s^{-1}$	1.36	终端干燥剂露点	℃	48.5
出力裕度	—	>110%	终端干燥剂温度	℃	70

9.4.3 高温强还原低 NO_x 燃烧旋风筒及捕渣管束设计

高温强还原低 NO_x 燃烧旋风筒的设计要求：(1)燃料在还原性气氛条件下燃烧，筒内需要创造高温强还原性气氛来降低 NO_x 的排放，因此需要合理地选择旋风筒截面热负荷以稳定燃烧；(2)燃料在旋风筒内应有一定的停留时间以保证燃料的充分燃尽；(3)旋风筒出口烟气温度应能保证旋风炉正常的液态排渣。

根据以上要求，新型旋风炉旋风筒的设计特点：(1)选取和计算截面热负荷时燃料在旋风筒内的放热量应以 $\alpha<1$ 条件下的放热量为准，在本方案设计中旋风筒内过量空气系数 $\alpha=0.8$，旋风筒内气化条件下燃料的放热量为 17899kJ · kg^{-1}；(2)采用较高的二次风速来增强旋风筒中的扰动、强化和稳定燃烧，同时提高熔渣的分离程度，提高捕渣率；(3)采用较高的热风温度以提高燃烧温度，实现筒内的高温强还原性气氛，降低 NO_x 的排放；(4)选取适当的容积热负荷以保证燃料的停留时间，在设计时旋风筒的长径比取为 4.5。新型旋风炉采用先进的高温强还原低 NO_x 燃烧技术，在设计时旋风筒内的过量空气系数为 0.8，旋风筒出口的烟气容积计算结果如表 9-10 所示。

表 9-10　220t · h^{-1} 燃高钠煤新型旋风炉旋风筒出口的烟气容积计算结果

参数		单位	数值
旋风筒内过量空气系数		—	0.8
对应 1kg 原煤中 C 的氧气量		$Nm^3 \cdot kg^{-1}$	0.9412
对应 1kg 原煤中 C 的氧气量		$mol \cdot kg^{-1}$	41.999
1kg 原煤中 C 的物质的量		$mol \cdot kg^{-1}$	53.908
燃烧产生的 CO 量		$mol \cdot kg^{-1}$	23.820
燃烧产生的 CO_2 量		$mol \cdot kg^{-1}$	30.089
CO 容积	V_{CO}	$Nm^3 \cdot kg^{-1}$	0.5338
RO_2 容积	V_{RO_2}	$Nm^3 \cdot kg^{-1}$	0.6783
N_2 容积	V_{N_2}	$Nm^3 \cdot kg^{-1}$	4.0165
H_2O 容积	V_{H_2O}	$Nm^3 \cdot kg^{-1}$	0.6732

高温强还原低 NO_x 燃烧旋风筒的设计结果如表 9-11 所示。表中给出了 220t · h^{-1} 旋风炉分别设置 1、2 和 3 个立式旋风筒时的主要设计参数。

表 9-11　高温强还原低 NO_x 燃烧旋风筒设计的主要结果

参数	单位	结果		
设置的旋风筒个数	个	1	2	3
旋风筒内过量空气系数	—	0.8	0.8	0.8
燃料收到基低位发热量	$kJ\cdot kg^{-1}$	24640	24640	24640
旋风筒内气化条件下燃料放热量	$kJ\cdot kg^{-1}$	17899	17899	17899
锅炉燃料消耗量	$t\cdot h^{-1}$	24.68	24.68	24.68
每个旋风筒燃料消耗量	$t\cdot h^{-1}$	24.68	12.34	8.23
每个旋风筒的释热功率	kW	122694	61347	40898
旋风筒截面热负荷	$kW\cdot m^{-2}$	18608	18608	18608
旋风筒截面积	m^2	6.5936	3.2968	2.1979
旋风筒直径	m	2.892	2.046	1.67
旋风筒的长径比	—	4.5	4.5	4.5
旋风筒长度	m	13.014	9.203	7.514
旋风筒容积	m^3	85.4431	30.2420	16.4503
旋风筒容积热负荷	$kW\cdot m^{-3}$	1436	2029	2486
一次风速	$m\cdot s^{-1}$	20	20	20
二次风速	$m\cdot s^{-1}$	90	90	90
二次风口尺寸，高×宽	m×m	2.024×0.182	1.432×0.128	1.17×0.104
热风温度	℃	400	400	400
对流传热量	$kJ\cdot kg^{-1}$	1521.3	1641.2	1688.9
辐射传热量	$kJ\cdot kg^{-1}$	2648.3	2395.1	2212.3
旋风筒出口烟气温度	℃	1684.3	1696.9	1709.0

根据表 9-11 所列的设计结果，$220t\cdot h^{-1}$ 新型旋风炉的旋风筒结构简图如图 9-13 所示。考虑到旋风炉的负荷调节以及整体结构布置，最终的设计方案中选择设置 2 个旋风筒。

图 9-13 中也包含了捕渣管束的结构设计。捕渣管束的总捕渣率在 6%～8%之间，采用等截面过渡烟道四管排错列布置。捕渣管为敷设有耐火材料的销钉管，管子外径 60mm，销钉的直径和长度分别为 10mm 和 20mm。

9.4.4　布置 OFA 的炉膛设计

$220t\cdot h^{-1}$ 新型旋风炉的炉膛结构设计简图如图 9-14 所示。由于采用了高温强还原低 NO_x 燃烧技术，考虑到燃料的燃尽，在炉膛的两侧墙共开设有 12 个

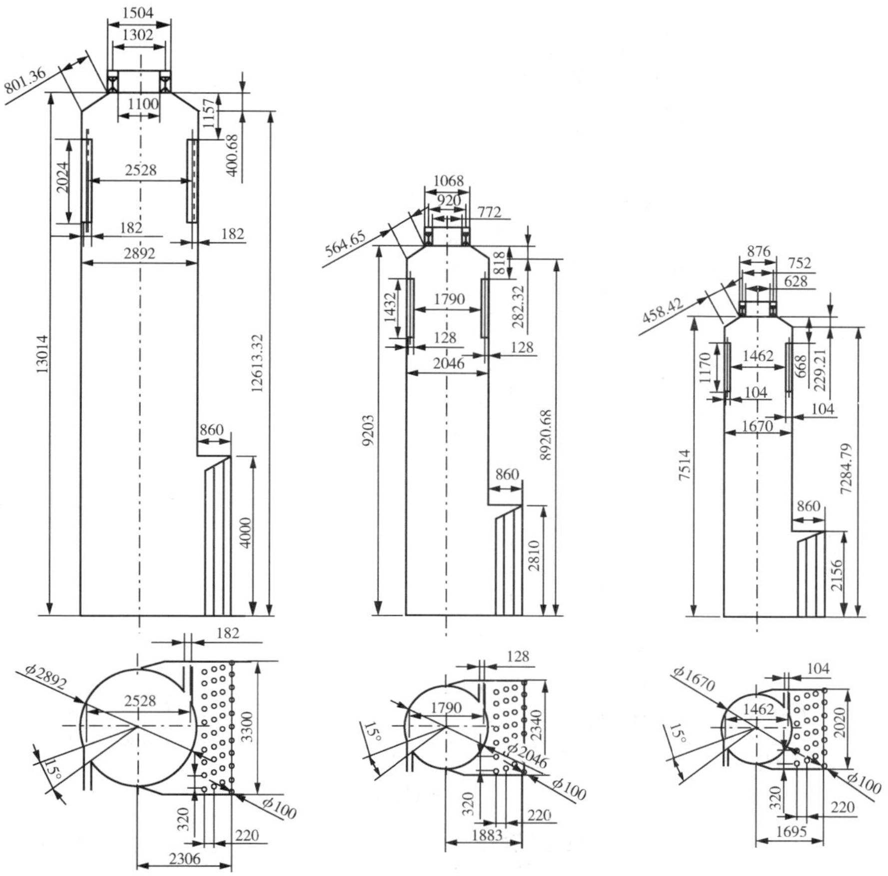

图 9-13　旋风筒及捕渣管束结构设计简图

OFA 喷口，每侧墙分别有 6 个，分三层呈对冲布置。炉膛水冷壁采用焊接膜式水冷壁以保证良好的密封性能。为了充分降低炉膛出口烟温，在炉膛上部布置有吸收炉膛辐射热的大屏过热器。在炉膛后墙设计有两个折焰角来提高炉膛内烟气的充满程度，炉膛顶棚敷设有包墙管过热器。炉膛和旋风筒之间由过渡烟道相连接，炉膛底部的液态渣由炉底流向旋风筒的排渣口而排出。炉膛顶部布置有汽包，与下降管和炉膛水冷壁构成汽水循环回路。在进行炉膛设计时，炉膛的容积热负荷应能满足低炉膛出口烟温的设计要求，选取的 OFA 喷口位置不能过低也不能过高。过低时则会产生较高的燃烧温度，导致热力型 NO_x 的生成；过高时则会降低炉膛的吸热量，使得炉膛出口烟温升高，不利于高碱煤燃烧时对积灰结渣的控制。

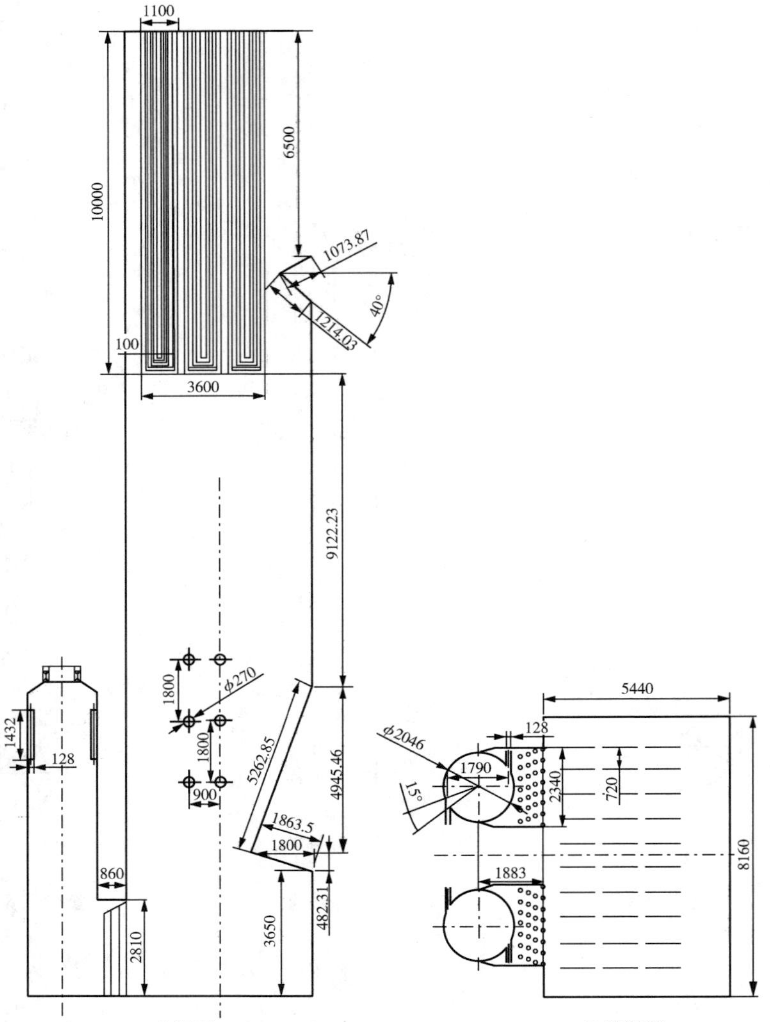

图 9-14　布置 OFA 的炉膛结构设计简图

表 9-12 中列出了新型旋风炉炉膛的基本设计参数，包括炉膛和炉膛内大屏的主要结构参数和热力计算结果。炉膛内大屏过热器、顶棚管过热器、炉膛出口烟窗的吸热热负荷按式(9-5)计算。

$$q_f = y_B \frac{B_p Q_f \psi}{F_{CT} \psi_{cp}} \tag{9-5}$$

式中　y_B——受热面沿炉膛高度的吸热分配系数；

Q_f——炉膛总吸热量，kJ/kg；

F_{CT}——炉墙总面积，m^2。

表 9-12 炉膛及其内大屏的基本设计参数

炉膛			炉膛内大屏		
参数	单位	结果	参数	单位	结果
炉膛宽度	m	8.16	大屏管外径	mm	42
炉膛深度	m	5.44	大屏片数	片	30
炉膛高度	m	28.2	横向节距	mm	720
过渡烟道高度	m	2.81	纵向节距	mm	50
燃尽风温度	℃	320	大屏高度	m	10
燃尽风总量	$m^3 \cdot s^{-1}$	36.50	大屏深度	m	3.6
圆形 OFA 喷口直径	m	0.27	单片屏面积	m^2	20.1
OFA 射流速度	$m \cdot s^{-1}$	53.1	大屏总面积	m^2	603
炉膛包围墙面积	m^2	1345.6	大屏工质流量	$t \cdot h^{-1}$	218
炉膛容积	m^3	1206.9	入口蒸汽温度	℃	347.8
炉膛出口烟温	℃	877.0	出口蒸汽温度	℃	475.8

9.4.5 整体布置设计

在 220t/h 新型旋风炉中，给水流经两级省煤器进入到汽包，再从下降管进入水冷壁受热蒸发后返回汽包，从汽包出来的饱和蒸汽主要经过三级过热器加热到额定汽温。锅炉设置有两级喷水减温器来调节主蒸汽温度，汽水流程设计如图 9-15 所示。

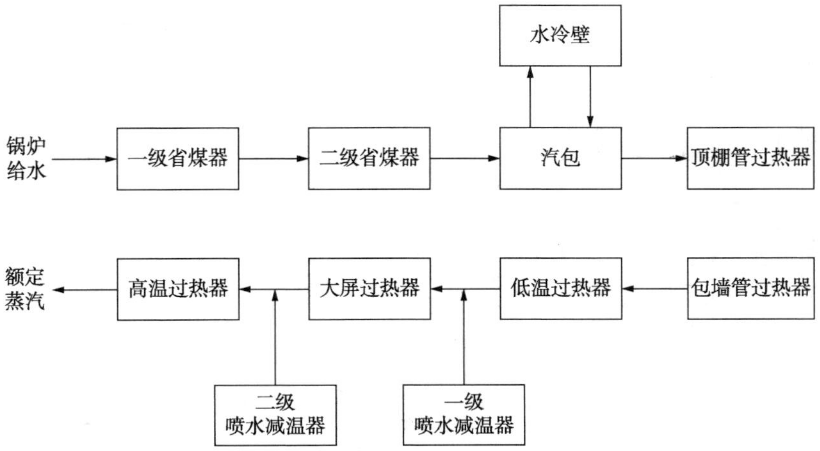

图 9-15 220t · h^{-1}新型旋风炉的汽水流程

图 9-16 展示了 220t/h 燃高碱煤新型旋风炉的整体热力系统布置。从炉膛出口出来的烟气依次流经混合烟室、高温过热器、转向烟室、低温过热器、二级省煤器、二级空气预热器、一级省煤器、一级空气预热器、除尘器等。为了防止积灰结渣，从炉膛出口出来的烟气与来自除尘器后尾部烟道的再循环烟气在混合烟室中混合降温，通过控制再循环烟气的流量来控制进入密集对流受热面的烟气温度在 800℃，并在水平烟道增设有灰斗，在设计条件下的烟气再循环率为 7.86%。在尾部烟道中省煤器与管式空气预热器采用两级交错布置。

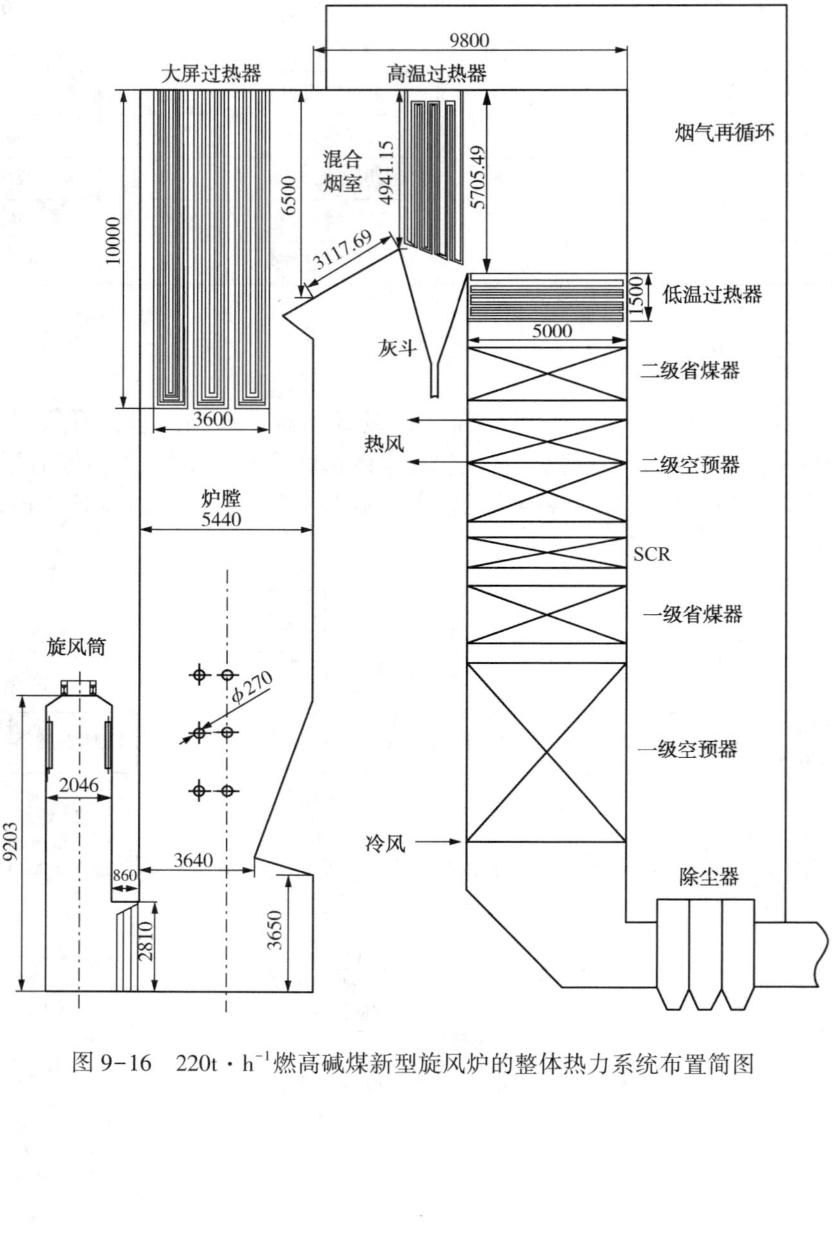

图 9-16　220t · h^{-1}燃高碱煤新型旋风炉的整体热力系统布置简图

9.4.6 屏底烟温核算

220t/h 新型立式旋风燃烧锅炉采用增大炉膛辐射受热面的方法来降低炉膛出口烟温，炉膛内大屏较同容量锅炉的大屏要长，因此为了保证大屏工作的安全性，需对屏底烟气温度进行核算。核算方法采用苏联 73 标准中炉膛分区段计算的方法[26]。对于炉膛大屏以下的自由容积，按式(9-6)计算所得的自由容积出口烟温即为屏底烟气温度。如表 9-13 所示，屏底烟气温度的计算值为 1280.5℃。

$$\vartheta'' = \frac{\frac{100}{100 - q_4}\beta_c Q_{ar,\ net} + Q_B + i_r + rI_{xh} - Q_{6z}}{Vc''} - \frac{(5.7 \times 10^{-11}) a_T T''^4}{B_p Vc''}\psi F \tag{9-6}$$

式中 β_c——燃料在自由容积中的燃尽度，对于新型立式旋风燃烧锅炉；

i_r——燃料物理热，kJ/kg；

Q_{6z}——由排出灰渣带走的热损失，kJ/kg；

Vc''——自由容积出口烟气比热容，kJ/(kg · K)；

ψ——自由容积内炉墙的平均热有效系数。

表 9-13 屏底烟温核算结果

项目	单位	结果
屏底烟气温度(假设值)	℃	1280.6
屏底烟气焓(假设值)	kJ/kg	16697.1
屏底烟气的比热容	kJ/(kg · K)	13.039
自由容积内烟气层的光学厚度	—	0.4140
自由容积内火炬黑度	—	0.3390
自由容积出口假想分界面的热有效系数	—	0.2
自由容积内的平均热有效系数	—	0.3796
自由容积黑度	—	0.5746
屏底烟气温度(计算值)	℃	1280.5

根据屏底烟温的核算结果，下部屏应选用合适的耐高温合金钢，同时在屏区布置吹灰器，保持大屏表面清洁，并优化大屏管圈的水动力特性，减少或消除热偏差，以保证锅炉运行时大屏的安全性和可靠性。

9.4.7 旋风筒低负荷校核

大容量的旋风燃烧锅炉布置有多个旋风筒，其负荷调节可通过关停部分旋风筒来实现，负荷调节时对正常运行的旋风筒内的着火、燃烧、传热及排渣过程影响很小。当旋风燃烧锅炉配置的旋风筒较少时，其负荷调节通过减少单个旋风筒的热功率来实现，旋风筒内的烟气温度在负荷降低时会降低，影响正常的液态排渣。220t/h 燃用准东煤的新型立式旋风燃烧锅炉设计有 2 个旋风筒，在负荷调节时不可避免地需要调整单个旋风筒的热功率，因此需要对单个旋风筒在低负荷下的热力特性进行研究，以指导锅炉的运行调节。

本节核算了 220t/h 燃用准东煤的新型立式旋风燃烧锅炉的旋风筒在不同热风温度、不同负荷下的热力工况。热风温度在 280~400℃范围内，旋风筒负荷为 10%~100%，主要结果如图 9-17~图 9-20 所示。

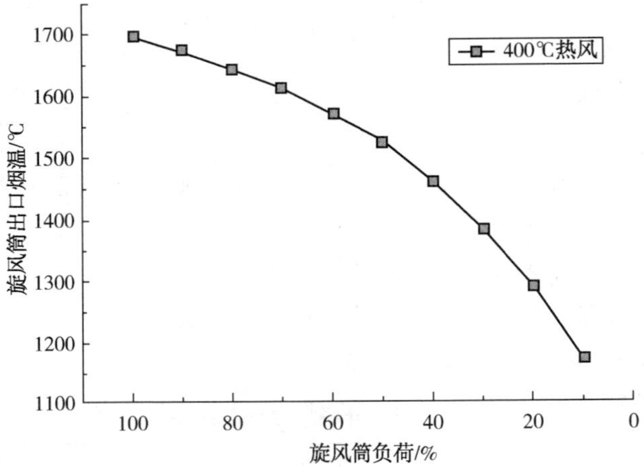

图 9-17　旋风筒出口烟温随旋风筒负荷的变化($t_{rk}=400℃$)

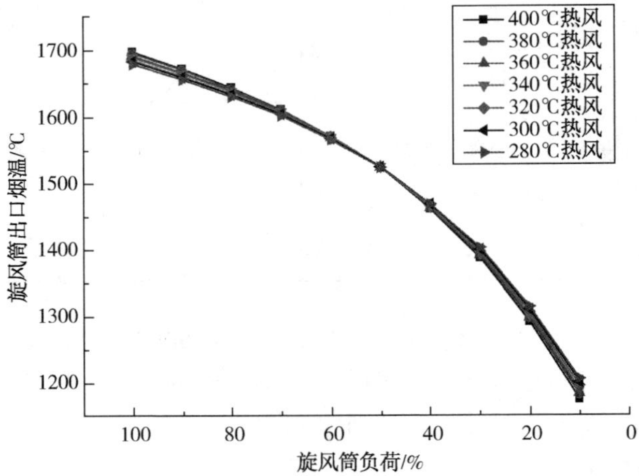

图 9-18　不同热风温度下旋风筒出口烟温随旋风筒负荷的变化

由图 9-17 和图 9-18 可以看出，随着旋风筒负荷的降低，旋风筒出口烟温降低。为了保证旋风筒的正常液态排渣，旋风筒出口烟温应高于灰渣的流动温度 FT(1340℃)，由图可见旋风筒的最低运行负荷在 20%~30%之间，考虑到一定的

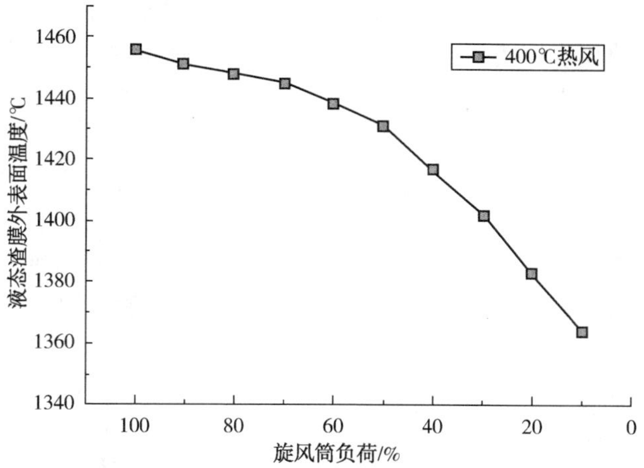

图 9-19 液态渣膜的外表面温度随旋风筒负荷的变化（$t_{rk}=400℃$）

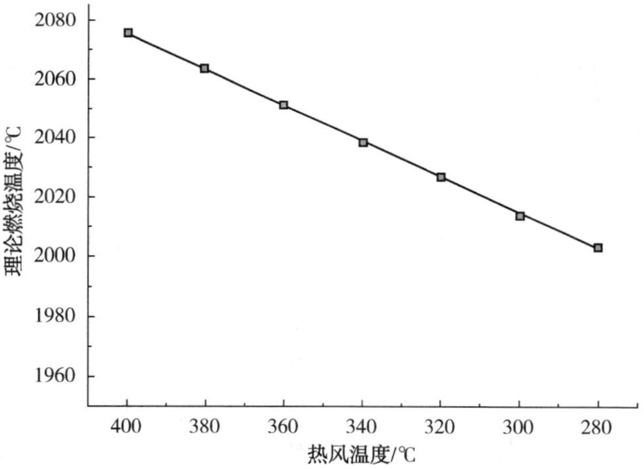

图 9-20 理论燃烧温度随热风温度的变化

安全裕量，我们推荐旋风筒正常运行的最低负荷不能低于 40%。

由图 9-18 可见，热风温度对旋风筒出口烟温的影响较小。在高负荷时，热风温度越低，旋风筒出口烟温越低；在低负荷时恰好相反。当热风温度降低时，燃烧产物物理热会降低，从而导致旋风筒出口烟温降低，然而此时由于旋风筒内的燃烧温度降低，使得旋风筒内的传热量降低，这又使旋风筒出口烟温有升高的趋势，最终的旋风筒出口烟温的变化是这两种变化因素综合作用的结果。

图 9-19 给出了旋风筒内液态渣膜的外表面温度随旋风筒负荷的变化趋势。随着负荷的降低，液态渣膜外表面温度降低。当旋风筒负荷在 50%以上时，液态渣膜外表面温度降低的幅度较小；当旋风筒负荷低于 50%时，液态渣膜外表面温度降低幅度增大。

旋风筒内的理论燃烧温度随热风温度的变化如图 9-20 所示。随着热风温度的降低，理论燃烧温度降低，但影响较小。然而值得注意的是，热风温度对燃料的着火燃烧及旋风筒壁液态渣膜的形成有重要影响，在旋风燃烧锅炉中需要维持一定的热风温度以保障正常的运行。

以上完整地介绍了 220t · h^{-1}燃高碱煤新型旋风炉的具体设计方案，包括制粉系统设计、旋风筒及捕渣管束设计、炉膛设计和整体布置设计。该设计方案采用高温强还原低 NO_x燃烧技术，并通过两级减温设计控制进入密集对流受热面的烟气温度在 800℃，从而实现准东煤等高碱煤的清洁高效利用。

9.5 本章小结

本章分析了燃用准东煤等高碱煤时积灰结渣的形成机理及控制原理，提出了一种能够安全燃用高碱煤的锅炉设计方法，并从热力系统布置、锅炉传热、煤粉着火和燃烧、钢材消耗量这 4 个方面讨论了该设计方法的可行性与经济性。然后结合烟气再循环，提出了在旋风炉上实现这种燃高碱煤设计的优化实施方案。最后以紫金准东煤为例，对一台容量为 220t · h^{-1}的防积灰结渣低 NO_x燃烧新型旋风炉进行了方案设计。主要得出以下结论：

（1）高碱煤燃用时的积灰结渣过程主要与挥发态碱金属有关，增大炉膛内辐射受热面来降低炉膛出口烟温到烟气中大部分气态碱金属化合物的凝结温度以下是防止积灰结渣问题的有效途径。

（2）从热力系统布置方面分析所提出的燃高碱煤锅炉设计方法，降低炉膛出口烟温需要将一部分对流受热面放置于炉膛内成为辐射受热面。随着炉膛容积的增大，折算辐射传热系数减小，即炉膛辐射受热面的传热效果降低。燃高碱煤锅炉设计的钢材消耗量相对于常规锅炉设计的增加了大约 10%。

（3）在煤粉炉中随着炉膛的放大，炉膛截面热负荷和炉内温度水平均降低，煤粉着火和燃烧将变得困难。而旋风炉的燃烧和传热是在不同的炉室中进行，当旋风炉的炉膛放大时燃料在旋风筒内的着火和燃烧基本不受影响，因此在液态排渣旋风炉上最适合实现这种燃高碱煤的锅炉设计方法。

（4）仅采用烟气再循环来降低炉膛出口烟温至期望值时所需的再循环烟气量很大，降低了锅炉的实用性。可在旋风炉的基础上，将增大炉膛内辐射受热面的设计方法与烟气再循环结合起来，形成具有两级降温设计的燃高碱煤优化实施方案。

（5）以紫金准东煤为设计煤种，对一台容量为 220t · h^{-1}的防积灰结渣新型旋风炉进行了方案设计，包括制粉系统设计、高温强还原低 NO_x燃烧旋风筒设计、捕渣管束设计、布置 OFA 的炉膛设计和整体布置设计，完整的设计方案能够为准东煤等高碱煤的清洁高效利用和新型旋风炉的发展提供借鉴。

10 油田井场加热炉节能增效新技术研究

本章基于油田井场加热炉效率低的工程背景，分析了其效率偏低的原因，研究了油田井场加热炉效率与过量空气系数和排烟温度的关系，提出了采用节能烟囱来提高加热炉效率的技术方案，并设计了适用于油田加热炉改造的一种拼装式节能增效的烟囱。

10.1 油田加热炉技术背景

油田井场加热炉能够加热从地底采出的原油，从而减小原油黏度，降低输送阻力及能耗。一般油田集输系统在单井出口、计转站、计量站、联合站都配备有加热炉，其结构如图 10-1 所示。通过对油田井场加热炉的运行情况进行实炉调研，发现加热炉的效率普遍偏低，如某单井加热炉的热效率仅达 63%。在分析加热炉的能量转化情况后，得出造成加热炉效率偏低的主要原因如下：

图 10-1 油田井场加热炉实物图

(1) 燃气在加热炉内燃烧时的过量空气系数 α 较大。对于控制系统自动化程度不高的单井加热炉情况更甚，有的过量空气系数 α 甚至已达到 3 左右。过大的过量空气系数一方面会降低燃气燃烧的火焰温度，进而降低传热温差，减少传热量，另一方面多余的空气会以烟气温度排出炉外，增大排烟热损失。

（2）排烟温度高，排烟热损失大。油田井场加热炉的排烟温度普遍较高，约为 200～300℃，根据一般估算，排烟温度每升高 10℃，锅炉效率降低约 1%。

鉴于此，合理控制加热炉燃烧时的过量空气系数 α、有效利用烟气余热能够显著减少排烟热损失，提高加热炉的效率，对油田实现节能降耗的目标具有重要意义。

10.2 节能潜力分析

为了分析油田井场加热炉的节能潜力，图 10-2 列出了加热炉排烟热损失 q_2 随过量空气系数 α 和排烟温度 T_{py} 的关系。计算中的燃气组分使用某天然气采集厂从外输气阀组所采样品的检测结果，空气温度设为 20℃。由图可见，随着过量空气系数 α 和排烟温度 T_{py} 的提高，加热炉排烟热损失 q_2 增大。当过量空气系数为 1.2，排烟温度为 140℃时，排烟热损失为 6.33%；而当过量空气系数为 3，排烟温度为 320℃时，排烟热损失高达 36.48%。在这两种极端条件下运行的加热炉其排烟热损失相差约 30%，即锅炉效率相差达 30%。油田井场的加热炉运行时过量空气系数普遍较大，一般大于 2，有的甚至高达 3；而排烟温度也较高，都在 200℃以上。因而油田井场加热炉的排烟热损失普遍在 20%～30%之间，节能空间巨大，节能潜力突出。

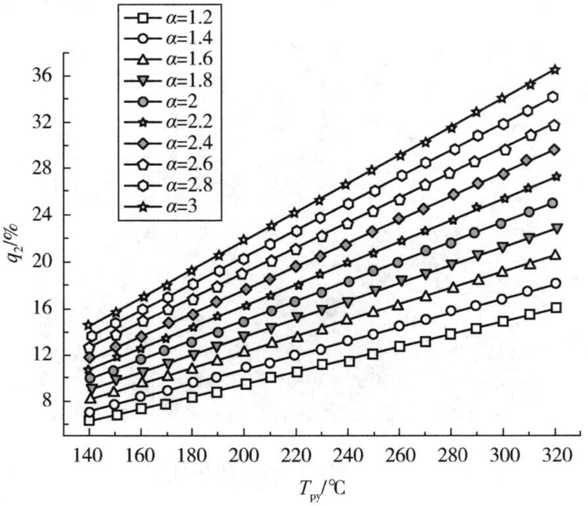

图 10-2 加热炉排烟热损失与过量空气系数和排烟温度的关系

10.3 节能技术方案

本研究提出了一种油田井场加热炉节能增效新技术，即设计新型的节能烟囱来回收加热炉的烟气余热，同时平衡加热炉的通风，调节燃烧时的过量空气系数，进而减小排烟热损失，提高加热炉效率，达到节能降耗的目的。新型节能烟囱的结构如图 10-3 所示，烟气在金属烟管中流动，而空气在环形通道内流动，空气流动的特性取决于肋片的类型，烟气将热量通过肋片传递给空气，空气吸收热量后进入加热炉内参与燃烧，如此实现了烟气的余热利用，降低了排烟温度，减小了排烟热损失。此外，还可以通过设计加热炉烟囱上布置节能烟囱的高度、肋片的型式及结构来平衡整个加热炉的通风，从而合理分配燃烧时的过量空气系数，进一步减小排烟热损失。

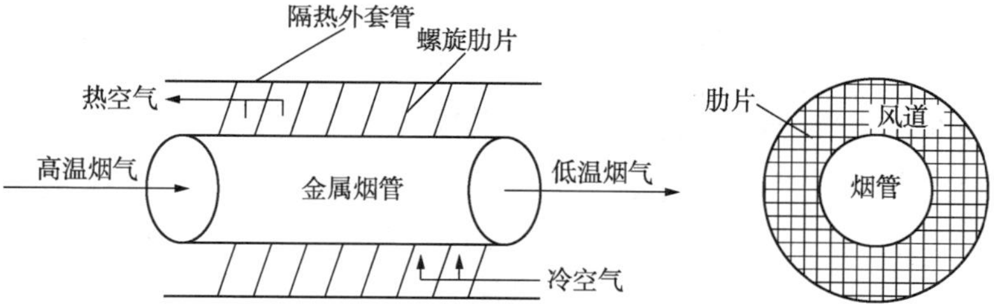

图 10-3　新型节能烟囱结构示意图

节能烟囱是一种同时具有回收烟气余热功能和烟囱功能的设备。节能烟囱一般用于一些小型锅炉设备，如加热炉等。而小型的锅炉设备种类、规格繁多，因而如需配备或加装节能烟囱，节能烟囱的类型、规格也需相应变化，这为节能烟囱的设计加工以及安装应用带来了困难，因而限制了节能烟囱的推广使用。

现有的节能烟囱均为整体设计，体积大，运输、安装困难，一体化设计也不利于放置较多的换热面，余热回收量小。整体化设计也不利于标准化产品的生产加工，一旦制造完成，难以调节烟囱尺寸。此外，对于已经投入生产的设备，如若要配备节能烟囱，则需要将原先整个烟囱换掉而不能在其基础上进行改造，提高了应用成本。

在这样的技术背景下，本研究提出了一种便捷高效的拼装式节能烟囱及其组装方法，该节能烟囱换热效率高，烟气余热回收量大，具有加工、运输、安装方便快捷，布置灵活及适用范围广等优点，此外还便于对已有钢管烟囱进行加装改造。

该节能烟囱的结构示意图如图 10-4 所示。如图所示，以弧形底瓦 3 为基底，在其外表面上焊接格栅条肋 4 构成基本换热元件 2。弧形底瓦 3 的圆弧内径等于钢管烟道 1 的外径，因而基本换热元件 2 能够完美贴合在钢管烟道 1 的外表面。弧形底瓦 3 的圆弧所对应的圆心角应为 $360/N°$，N 为正整数，也就是钢管烟道 1 外表面一圈布置的基本换热元件 2 的个数，这样使得基本换热元件 2 能够恰好围绕布置在钢管烟道 1 的外表面一周。

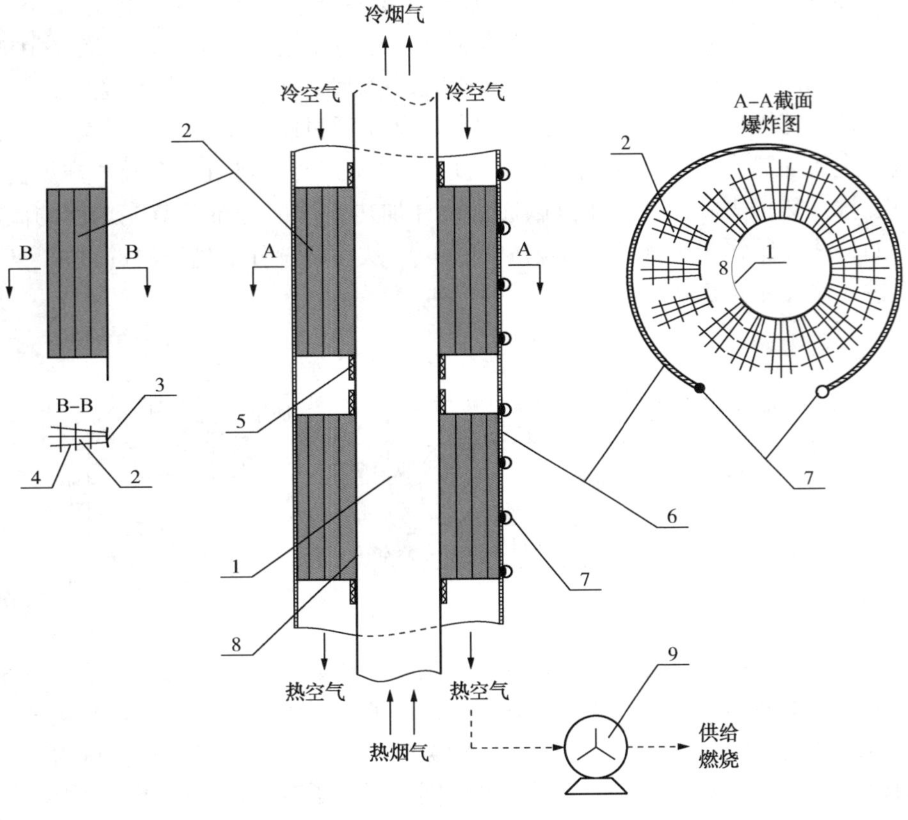

图 10–4　新型拼装式节能烟囱结构示意图

1—钢管烟道；2—基本换热元件；3—弧形底瓦；4—格栅条肋；5—不锈钢扎带；6—包裹式外套；7—卡扣；8—导热胶涂层；9—风机

N 个基本换热元件 2 贴合在钢管烟道 1 上围绕成一圈，采用不锈钢扎带 5 紧缚一圈弧形底瓦 3 的方式将这 N 个基本换热元件 2 固定在钢管烟道 1 上。这圈基本换热元件 2 的外圈包裹有一层包裹式外套 6，包裹式外套 6 平铺开为长方形，卷曲成套筒包裹在一圈基本换热元件 2 所成的圆柱体外，包裹式外套 6 比基本换热元件 2 上下各长 5~10cm，包裹式外套 6 选用保温、防水、防晒材质。在包裹式外套 6 上设置有若干个卡扣 7 来将包裹式外套 6 紧缚在一圈基本换热元件 2 上。

钢管烟道 1 外表面拼装的一圈基本换热元件 2 及其包裹式外套 6 构成了节能烟囱的一级，整个节能烟囱可根据需要由一级或多级串联组成。在安装节能烟囱时，钢管烟道 1 外表面涂抹有一层导热胶涂层 8，减少钢管烟道 1 外表面与弧形底瓦 3 之间的贴合缝隙，增强换热。

烟气在钢管烟道 1 内流动，空气在基本换热元件 2 的格栅通道内流动，二者逆向流动，热烟气通过基本换热元件 2 将热量传递给冷空气。冷空气在风机 9 的作用下流过节能烟囱加热并被供给到燃烧系统中。

该节能烟囱的优点如下：

（1）能够降低加热炉等设备的排烟温度，回收排烟余热，提高设备效率，实现节约能源；

（2）烟气、空气换热效率高，烟气余热回收量大；

（3）节能烟囱由结构简单的基本换热元件拼装而成，布置灵活，适用范围广；

（4）节能烟囱的基本换热元件便于标准化生产、加工、运输、存放方便、安装便捷；

（5）便于对已有钢管烟囱进行加装改造。

10.4 拟研究内容

针对本研究项目提出的油田井场加热炉节能增效新技术，其主要的研究内容如下：

1）新型节能烟囱的传热特性研究

烟气在烟管中流动，通过烟管外肋片将热量传递给风道中的空气，烟气向空气传热的效果与肋片的型式、结构、空气和烟气的流速、温度等参数有关，因此本项目拟采用数值模拟的方法对新型节能烟囱的传热特性进行研究。主要包括：(1)研究肋片的型式、结构参数对新型节能烟囱传热特性的影响；(2)研究空气和烟气的流速、温度对新型节能烟囱传热特性的影响；(3)拟合出新型节能烟囱的传热计算关联式。

2）新型节能烟囱的阻力特性研究

空气在肋片通道中流动时，其流动阻力也受肋片的型式、结构、空气和烟气的流速、温度等参数的影响，因而本项目亦拟采用数值模拟的方法对新型节能烟囱空气流动的阻力特性进行研究。主要包括：(1)研究肋片的型式、结构参数对新型节能烟囱阻力特性的影响；(2)研究空气的流速、温度对新型节能烟囱阻力特性的影响；(3)拟合出新型节能烟囱空气流动的阻力计算关联式。

3）新型节能烟囱的设计及结构优化研究

布置的肋片面积越大，传热量越大，同时空气流动的阻力也越大。因此需要综合考虑新型节能烟囱的传热特性、阻力特性及制造成本等因素，采用先进的优化算法对新型节能烟囱的结构进行优化，得到最优设计。

4）加热炉整体空气动力特性研究

加热炉燃烧时的过量空气系数偏大是由于进风口负压过大引起的，加装新型节能烟囱能够利用空气流动阻力抵消过大的负压，即用于平衡整个加热炉的通风。要准确调整配风的过量空气系数，需要进行以下研究：(1)加热炉整体的烟风阻力计算，包括烟囱的自生通风、风道和烟道的流动阻力；(2)确定加热炉烟囱上布置节能烟囱的高度；(3)根据新型节能烟囱的节能效果、加热炉整体的空气动力计算结果分析是否需要风机提升压头。

5）现场试验及节能增效效果评价：

通过现场试验对本研究项目的节能增效效果进行评价，主要包括：(1)开展现场试验，收集试验数据；(2)整理收据，采用正平衡法、水浴温度评估法评价节能增效效果；(3)对试验炉进行经济性分析，估算净收益和投资回收期。

10.5 本章小结

本章基于油田井场加热炉效率低的工程背景，分析了其效率偏低的原因，研究了油田井场加热炉效率与过量空气系数和排烟温度的关系，发现随着过量空气系数 α 和排烟温度 T_{py} 的提高，加热炉排烟热损失 q_2 增大，而油田井场加热炉的排烟热损失普遍在20%~30%，节能空间巨大。之后提出了采用节能烟囱来提高加热炉效率的技术方案，并设计了一种适用于油田加热炉改造的新型拼装式节能烟囱。

附录 A　符号表

英文字母大写

A	指前因子，$L \cdot mol^{-1} \cdot s^{-1}$
A_c	管束对流受热面积，m^2
A_f	炉膛包围墙面积，m^2
A_s	气体流通截面积，m^2
A_z	反映液态渣层厚度的参数，m
B_j	计算燃料消耗量，$kg \cdot s^{-1}$
Bo	玻尔兹曼准则数
$\overline{Bu}$	布格尔准则数的有效值
C_1、C_2	考虑燃烧和传热对温度场影响的经验系数
$\bar{C}_p$	平均比热容，$J \cdot kg^{-1} \cdot K^{-1}$
D	旋风筒的内径，m
G_0	进入旋风筒的灰渣质量流率，$kg \cdot s^{-1}$
H_f	燃烧器中心到炉膛出口中心的高度，m
H_r	有效辐射受热面积，m^2
I	Ω 方向的辐射强度，$W \cdot m^{-3} \cdot sr^{-1}$
I_b	黑体辐射强度，$W \cdot m^{-3} \cdot sr^{-1}$
$I_{c,e}$	旋风筒出口烟气焓，$J \cdot kg^{-1}$
$I_l^m(r)$	与位置有关的函数
K_{yx}	有效火焰黑度系数
L	旋风筒的长度，m
M	炉膛 M 数
M_{73}	73 标准计算的炉膛 M 数
M_s	喷水减温器前蒸汽流量，$kg \cdot s^{-1}$
M_z	烟气动能传递给渣膜的份额

NO_xCR	燃料氮向 NO_x 转化的比率，%
Nu	努塞尔数
P	概率密度函数
$P_l^{\|m\|}(\cos\theta)$	m 阶 l 次第一类连带勒让德多项式
Q	传热量，$J \cdot kg^{-1}$
Q_a	进入旋风筒的有效热量，$J \cdot kg^{-1}$
R	摩尔气体常数，$kJ \cdot mol^{-1} \cdot K^{-1}$
Re	雷诺数
R_{rl}	耐火衬里导热热阻，$m^2 \cdot ℃ \cdot W^{-1}$
S	剪切应力，Pa
S_h	流体的内热源，$W \cdot m^{-3}$
$S_{m,y}$	液态渣膜外表面上沿 y 方向的剪切应力，Pa
$S_{m,y,g}$	旋转气流的黏滞力，Pa
$S_{m,y,p}$	煤粉颗粒的撞击力，Pa
T	气体温度，K
T_0	参考温度，K
T_a	燃料绝热燃烧温度，K
$T_{c,e}$	旋风筒出口烟气温度，K
$T_{g,e}$	炉膛出口烟温，K
T_y	火焰有效平均温度，K
T_{zm}	液态渣层向火表面温度，K
U	速度矢量，$m \cdot s^{-1}$
U_c	旋风筒对流传热系数，$W \cdot m^{-2} \cdot K^{-1}$
V	体积流量，$Ncm^3 \cdot min^{-1}$
V_f	炉膛容积，m^3
W_j	j 组分的摩尔质量，$kg \cdot mol^{-1}$
X	火焰的相对高度
X_{ht}	炉膛内最高温度点的位置
Y	摩尔分数
$Y_l^m(\Omega)$	规范化的球谐函数
Z	质量分数

英文字母小写

$a_{i,\ m}$	材料单位长度的有效内表面积，m^2
a_K	旋风筒的系统黑度
a_T	炉膛黑度
a_y	火焰黑度
b_t	温度梯度，℃ · m^{-1}
c_1 、c_2 、c_3	微分方程解的待定系数
$c_{1,\ \varepsilon}$ 、$c_{2,\ \varepsilon}$ 、c_{μ}	经验系数
d_f	炉膛横截面的平均当量直径，m
f	混合分数
f_{NH_3}	燃料氮中 NH_3所占的比例
f_{ps}	水冷壁管表面上销钉的布置密度
g	重力加速度，m · s^{-2}
h	流体的比焓，J · kg^{-1}
i	虚数符号
i，j	索引参数
i_p	减温水的焓，kJ · kg^{-1}
k	湍动能
k_f	炉内介质的辐射减弱系数，MPa^{-1} · m^{-1}
k_{OFA}	燃尽风位置修正系数
k_r	反应速率常数，L · mol^{-1} · s^{-1}
m'	线性关系中与截距相关的参数
n	介质折射率
n'	线性关系中的斜率
p	气体压力，Pa
p_s	反映火焰对渣膜的动力作用的参数
p_t	脉动速度造成的压力，Pa
q_5	辐射和对流热损失，%
q_6	灰渣物理热损失，%
q_e	外部环境流入系统的热流密度，W · m^{-2}
q_F	旋风筒的截面热负荷，kW · m^{-2}

q_{F0}	基本工况下旋风筒的截面热负荷，$kW \cdot m^{-2}$
$q_{F,R}$	旋风筒的相对截面热负荷
q_T	炉膛截面热负荷，$MW \cdot m^{-2}$
q_x	多层壁中的平均热流密度，$W \cdot m^{-2}$
$\boldsymbol{r}$	空间位置向量
r_{OFA}	燃尽风份额
s	射线行程，m
s_f	炉膛的有效辐射层厚度，m
$\dot{s}_{j,m}$	j 组分的摩尔产率，$mol \cdot L^{-1} \cdot s^{-1}$
t	温度,℃
t_0	灰渣的临界温度,℃
u	旋风筒的湿周周长，m
$u_{p,y}$	y 截面处渣膜的平均流速，$m \cdot s^{-1}$
u_y	渣膜沿壁面的流动速度，$m \cdot s^{-1}$
w_2	二次风速，$m \cdot s^{-1}$
w_z	旋风筒中烟气的平均轴向速度，$m \cdot s^{-1}$
$\bar{x}$	旋风筒的平均角系数
x_f	距燃烧器中心的火焰高度，m
x_i	计算模型的第 i 个参数
y	计算模型的输出结果

希腊字母大写

ΔH	化学反应的反应热，$kJ \cdot mol^{-1}$
ΔT	统计时间间隔，s
Δt	传热温差，K
Θ	沿炉膛高度火焰的无因次温度
$\Theta_{g,e}$	炉膛出口烟气无因次温度
Θ_y	火焰有效平均无因次温度
Φ	耗散函数，$W \cdot m^{-3}$
Φ_s	散射相函数
Ψ	Ω 方向单位矢量的圆周角
Ω	立体角，sr

希腊字母小写

α	过量空气系数
α'	燃尽区的过量空气系数
α''	炉膛过量空气系数
α_{rad}	折算辐射传热系数，$W \cdot m^{-2} \cdot K^{-1}$
β	修正因子
β_v	灰渣的黏度特性系数，$℃^{-1}$
γ	壁面倾角(°)
δ	壁层厚度，m
δA_i	第 i 个反应的指前因子变化量，$L \cdot mol^{-1} \cdot s^{-1}$
δ_{rl}	耐火衬里厚度，mm
δY_j	第 j 种组分的摩尔分数变化量
ε	湍动能耗散率
η_b	锅炉热效率/%
η_s	旋风筒总的捕渣率
$\eta_{s,y}$	壁面从 0 到 y 这段距离的捕渣率
θ	Ω 方向单位矢量的天顶角
$\theta_{c,e}$	旋风筒出口烟气温度，℃
θ''_T	炉膛出口烟气无因次温度
κ	一阶敏感性系数
κ_a	吸收系数
κ_s	散射系数
λ	导热系数，$W \cdot m^{-1} \cdot K^{-1}$
μ	灰渣的动力黏性系数，$Pa \cdot s$
$\bar{\mu}$	流体的第 2 分子黏度，$Pa \cdot s$
μ_0	灰渣的临界黏度，$Pa \cdot s$
μ_m	液态渣膜在外表面处的动力黏性系数，$Pa \cdot s$
μ_t	湍流黏性系数，$Pa \cdot s$
ν	运动黏性系数，$m^2 \cdot s^{-1}$

ρ	气体密度，kg · m^{-3}
ρ_s	熔渣密度，kg · m^{-3}
σ_0	Stefan-Boltzmann 常数，W · m^{-2} · K^{-4}
σ_k	k 的湍流普朗特数
σ_ε	ε 的湍流普朗特数
φ	保热系数
χ	颗粒动能转化为推力功的份额
ψ	热有效系数

附录 B 热力计算汇总表

附录 B.1 设计煤种热力计算汇总表

参数	计算受热面面积	进口烟温	出口烟温	工质进口温度	工质出口温度	烟气流速	工质流速	传热温差	传热系数	传热量	吸热量
受热面名称	A	θ'	θ''	t'	t''	w_y	w	Δt	k	Q_{cr}	Q_{rp}
	m^2	℃	℃	℃	℃	m/s	m/s	℃	kW/(m^2·℃)	kJ/kg	kJ/kg
方形炉膛(有大屏)	3334.6	1882.8	1122.1	297.3	359.3						8461.5
壁式再热器	370.4			335.0	390.0					657.349	
大屏过热器	741.3			413.0	464.6					1148.792	
炉膛内顶棚管过热器	114.4			359.3	361.2					176.669	
后屏过热器	913.4	1122.1	1065.5	464.6	501.5	6.73	19.49	609.5	0.053	564.638	561.4
中温再热器	1960.8	1065.5	953.6	384.0	484.5	7.97	27.32	568.7	0.044	1021.564	1016.1
后水冷壁吊挂管	159.2	953.6	945.2	359.3	359.3	9.65		590.1	0.044	85.980	87.6
高温再热器	1933.1	945.2	855.8	484.5	555	9.92	27.31	375.2	0.053	805.918	799.7
水冷壁对流管束	260.4	855.8	843.4	359.3	359.3	10.92		490.3	0.049	131.902	130.0
高温过热器	3296.5	843.4	728.8	494.4	555	9.74	10.99	250.9	0.061	1062.550	1056.1
后竖井前墙吊挂管	208.4	728.8	721.4	360.7	362.2	7.82	8.44	363.6	0.048	76.791	76.1
低过出口垂直段	1022.9	721.4	689.4	411.0	423.7	10.06	6.11	288.1	0.051	316.394	314.4
转向烟室	889.5	689.4	653.6			6.55				318.626	321.2
低温过热器	14285.8	653.6	435.4	361.9	411.0	9.18	5.07	141.6	0.048	2016.354	2001.1
省煤器	6520.6	435.4	343.2	260.0	290.5	7.07	1.47	111.2	0.057	860.300	861.2

附表 B.2　实际煤种热力计算汇总表

参数	计算受热面面积	进口烟温	出口烟温	工质进口温度	工质出口温度	烟气流速	工质流速	传热温差	传热系数	传热量	吸热量
受热面名称	A	θ'	θ''	t'	t''	w_y	w	Δt	k	Q_{cr}	Q_{rp}
	m^2	℃	℃	℃	℃	m/s	m/s	℃	kW/(m^2·℃)	kJ/kg	kJ/kg
方形炉膛(有大屏)	3313.2	1907.6	1110.1	295.6	359.3						9208.4
壁式再热器	370.4			335.0	389.1					692.675	
大屏过热器	741.3			409.4	461.3					1265.252	
炉膛内顶棚管过热器	114.4			359.3	361.1					185.954	
后屏过热器	913.4	1110.1	1054.6	460.1	495.5	6.55	19.20	603.4	0.051	574.281	572.0
中温再热器	1960.8	1054.6	954.0	387.8	476.0	7.79	27.09	567.2	0.038	953.475	946.7
后水冷壁吊挂管	159.2	954.0	946.7	359.3	359.3	9.48		591.1	0.037	78.929	80.2
高温再热器	1933.1	946.7	858.2	476.0	540	9.79	26.75	389.4	0.046	779.511	775.9
水冷壁对流管束	260.4	858.2	847.6	359.3	359.3	10.84		493.7	0.040	114.375	116.1
高温过热器	3296.5	847.6	739.5	487.2	540	9.73	10.74	271.8	0.050	1012.249	1004.6
后竖井前墙吊挂管	208.4	739.5	732.9	360.5	361.7	7.88	8.39	375.1	0.041	71.365	71.6
低过出口垂直段	1022.9	732.9	703.8	405.8	417.0	10.16	5.97	306.9	0.043	302.730	305.2
转向烟室	889.5	703.8	663.9			6.64				338.783	340.7
低温过热器	14285.8	663.9	452.5	361.4	405.8	9.40	4.98	160.4	0.040	2059.580	2049.7
省煤器	6520.6	452.5	363.7	260.0	288.8	7.38	1.47	131.4	0.045	874.841	871.2

附表 B.3 方案一热力计算汇总表

参数	计算受热面面积	进口烟温	出口烟温	工质进口温度	工质出口温度	烟气流速	工质流速	传热温差	传热系数	传热量	吸热量
受热面名称	A	θ'	θ''	t'	t''	w_y	w	Δt	k	Q_{cr}	Q_{rp}
	m^2	℃	℃	℃	℃	m/s	m/s	℃	kW/(m^2·℃)	kJ/kg	kJ/kg
方形炉膛(有大屏)	3311. 1	1907. 6	1146. 3	301. 3	359. 3						8804. 6
壁式再热器	370. 4			323. 9	374. 5					659. 897	
大屏过热器	741. 3			408. 2	458. 5					1211. 651	
炉膛内顶棚管过热器	114. 4			359. 3	361. 0					177. 132	
后屏过热器	913. 4	1146. 3	1089. 8	457. 4	493. 7	6. 82	19. 09	641. 4	0. 050	592. 501	589. 8
中温再热器	1960. 8	1089. 8	980. 7	374. 5	469. 5	8. 10	24. 94	607. 6	0. 039	1040. 607	1034. 0
后水冷壁吊挂管	159. 2	980. 7	972. 9	359. 3	359. 3	9. 83		617. 6	0. 039	83. 779	84. 8
高温再热器	3285. 8	972. 9	850. 7	469. 5	566	11. 29	15. 03	383. 7	0. 042	1162. 215	1152. 9
水冷壁对流管束	260. 4	850. 7	840. 4	359. 3	359. 3	10. 93		486. 3	0. 040	110. 802	112. 5
高温过热器	3296. 5	840. 4	735. 0	485. 6	538	9. 83	10. 69	268. 3	0. 050	982. 364	976. 7
后竖井前墙吊挂管	208. 4	735. 0	728. 6	360. 4	361. 6	7. 97	8. 36	370. 8	0. 041	69. 477	69. 3
低过出口垂直段	1022. 9	728. 6	700. 7	405. 7	416. 4	10. 27	5. 95	303. 6	0. 043	295. 001	293. 0
转向烟室	889. 5	700. 7	661. 6			6. 72				328. 312	330. 7
低温过热器	14285. 8	661. 6	453. 2	361. 3	405. 7	9. 54	4. 97	160. 1	0. 040	2037. 170	2021. 6
省煤器	6520. 6	453. 2	367. 0	267. 1	295. 0	7. 51	1. 49	126. 8	0. 046	841. 089	844. 6

附录 B.4　方案二热力计算汇总表

参数	计算受热面面积	进口烟温	出口烟温	工质进口温度	工质出口温度	烟气流速	工质流速	传热温差	传热系数	传热量	吸热量
受热面名称	A	θ'	θ''	t'	t''	w_y	w	Δt	k	Q_{cr}	Q_{rp}
	m^2	℃	℃	℃	℃	m/s	m/s	℃	kW/(m^2·℃)	kJ/kg	kJ/kg
方形炉膛(有大屏)	3311.5	1907.6	1138.3	301.7	359.3						8893.7
壁式再热器	370.4			323.9	375.1					667.110	
大屏过热器	741.3			410.5	462.1					1223.491	
炉膛内顶棚管过热器	114.4			359.3	361.1					179.073	
后屏过热器	913.4	1138.3	1082.8	460.9	497.0	6.79	19.3	630.5	0.050	582.828	578.0
中温再热器	3246.2	1082.8	951.7	375.1	492.7	8.90	15.3	574.4	0.032	1305.211	1294.7
后水冷壁吊挂管	159.2	951.7	944.8	359.3	359.3	9.61		589.0	0.037	77.282	76.3
高温再热器	1933.1	944.8	860.0	492.7	554.3	9.94	25.96	374.1	0.046	742.881	736.2
水冷壁对流管束	260.4	860.0	849.5	359.3	359.3	11.02		495.5	0.040	113.816	114.9
高温过热器	3296.5	849.5	742.3	490.8	544.7	9.91	10.83	270.2	0.051	999.541	995.0
后竖井前墙吊挂管	208.4	742.3	735.7	360.4	361.6	8.03	8.41	378.0	0.041	71.397	71.3
低过出口垂直段	1022.9	735.7	707.2	407.1	418.1	10.35	6.02	308.9	0.043	302.327	299.4
转向烟室	889.5	707.2	667.3			6.77				337.497	340.2
低温过热器	14285.8	667.3	454.7	361.4	407.1	9.58	5.02	162.7	0.040	2078.745	2064.4
省煤器	6520.6	454.7	367.6	267.1	295.2	7.53	1.50	127.8	0.046	848.360	853.6

附录 B.5　方案三热力计算汇总表

参数	计算受热面面积	进口烟温	出口烟温	工质进口温度	工质出口温度	烟气流速	工质流速	传热温差	传热系数	传热量	吸热量
受热面名称	A	θ'	θ''	t'	t''	w_y	w	Δt	k	Q_{cr}	Q_{rp}
	m^2	℃	℃	℃	℃	m/s	m/s	℃	kW/(m^2·℃)	kJ/kg	kJ/kg
方形炉膛(有大屏)	3311.2	1907.6	1143.5	299.8	359.3						8835.8
壁式再热器	370.4			323.9	374.7					662.416	
大屏过热器	741.3			404.9	454.1					1215.790	
炉膛内顶棚管过热器	114.4			359.3	361.1					177.810	
后屏过热器	913.4	1143.5	1086.8	452.9	488.8	6.80	18.86	643.2	0.050	595.115	591.5
中温再热器	1960.8	1086.8	978.3	374.7	469.4	8.08	24.80	604.8	0.039	1033.512	1028.0
后水冷壁吊挂管	159.2	978.3	970.6	359.3	359.3	9.81		615.2	0.038	83.277	84.3
中间再热器	1933.1	970.6	876.6	469.4	539.1	10.11	24.98	414.0	0.047	837.442	833.1
水冷壁对流管束	260.4	876.6	865.5	359.3	359.3	11.18		511.8	0.041	119.615	121.1
高温过热器	3296.5	865.5	750.5	481.1	538	10.01	10.65	289.6	0.051	1083.981	1079.4
后竖井前墙吊挂管	208.4	750.5	743.6	360.2	361.5	8.08	8.32	386.2	0.041	73.709	74.1
低过出口垂直段	1022.9	743.6	713.2	402.2	413.8	10.41	5.86	320.4	0.044	316.530	318.7
高温再热器	2622.1	713.2	673.7	539.1	566	10.17	17.88	140.8	0.040	323.943	324.0
转向烟室	639.2	673.7	650.6			7.90				205.245	206.2
低温过热器	14285.8	650.6	449.9	361.0	402.2	9.45	4.89	155.2	0.040	1957.675	1943.6
省煤器	6520.6	449.9	365.7	267.1	294.4	7.49	1.48	124.9	0.046	825.806	823.5

参 考 文 献

[1] 本刊记者．世界-能源供需现状与发展趋势[J]．山西能源与节能，2008，(03)：9-10+14.

[2] 陈春阳，薛茹君，周敏，等．世界能源使用趋势和中国能源问题[J]．安徽化工，2014，(05)：4-7.

[3] 程薇．BP 公司发布第 65 期世界能源统计年鉴[J]．石油炼制与化工，2016，(09)：12.

[4] 樊东黎．世界能源现状和未来[J]．金属热处理，2011，(10)：119-131.

[5] 刘王呈，范楼珍．通过《BP 世界能源统计 2008》解读中国能源状况[J]．应用能源技术，2009，(02)：1-5.

[6] 能源知识．煤炭储量[J]．能源与节能，2016，(12)：171.

[7] 王瑞萍，侯伟．中长期国际能源需求展望——煤炭的能源地位[J]．科技情报开发与经济，2010，(25)：118-120.

[8] 邹才能，何东博，贾成业，等．世界能源转型内涵、路径及其对碳中和的意义[J]．石油学报，2021，42（02)：233-247.

[9] 孙旭东，张蕾欣，张博．碳中和背景下我国煤炭行业的发展与转型研究[J]．中国矿业，2021，30（02)：1-6.

[10] 马丁，陈文颖．中国 2030 年碳排放峰值水平及达峰路径研究[J]．中国人口·资源与环境，2016，26（S1)：1-4.

[11] 胡鞍钢．中国实现 2030 年前碳达峰目标及主要途径[J]．北京工业大学学报：社会科学版，2021，21（03)：1-15.

[12] 清华大学．典型城市空气质量达标及碳排放达峰路径研究报告．清华大学：北京，2020.

[13] 中华人民共和国国家统计局．统计数据．2016.

[14] 车得福，庄正宁，李军，等．锅炉[M]．西安：西安交通大学出版社，2008.

[15] 环境保护部，国家质量监督检验检疫总局．锅炉大气污染物排放标准．中国环境科学出版社：北京，2014.

[16] 环境保护部，国家质量监督检验检疫总局．火电厂大气污染物排放标准．中国环境科学出版社：北京，2012.

[17] 国家发展改革委．燃煤锅炉节能环保综合提升工程实施方案．国家发展改革委：北京，2014.

[18] Kitto JB, Stultz SC. Steam-Its Generation and Use[M]. Charlotte, NC: Babcock & Wilcox Company, 2005.

[19] 曹汉鼎．锅炉炉膛(燃油、燃煤)传热计算方法[J]．动力工程，1985，(01)：37-49+76.

[20] 李永兴，陈春元，孙家庆．电站锅炉炉膛出口温度计算方法的研究与改进[J]．动力工程，1992，(06)：19-25+55.

[21] 刘林华．炉膛传热计算方法的发展状况[J]．动力工程，2000，(01)：523-527+538.

[22] 欧宗现，朱予东，阎维平．超临界锅炉炉膛传热计算方法的研究[J]．锅炉制造，2008，(06)：10-13.

[23] 唐必光. 大容量锅炉炉膛换热计算的一个新方法[J]. 动力工程, 1992, (06): 26-31+55.
[24] 阎维平, 欧宗现, 曹锐. 电站锅炉炉膛分区段改进热力计算方法[J]. 锅炉技术, 2007, (05): 11-14+18.
[25] 张大龙, 张海, 吕俊复, 等. 大型超(超)临界煤粉锅炉炉膛传热计算[J]. 动力工程学报, 2014, (08): 589-593.
[26] 锅炉机组热力计算标准方法(苏联1973年版)[M]. 北京锅炉厂, 译. 北京: 机械工业出版社, 1976.
[27] Baskakov AP, Dolgov VN, Goldobin YM. Aerodynamics and heat transfer in cyclones with particle-laden gas flow[J]. Experimental Thermal and Fluid Science, 1990, 3 (6): 597-602.
[28] Chandok JS, Kar IN, Tuli S. Estimation of furnace exit gas temperature (FEGT) using optimized radial basis and back-propagation neural networks[J]. Energy Conversion and Management, 2008, 49 (8): 1989-1998.
[29] Yin C, Caillat S, Harion J-L, et al. Investigation of the flow, combustion, heat-transfer and emissions from a 609 MW utility tangentially fired pulverized-coal boiler[J]. Fuel, 2002, 81 (8): 997-1006.
[30] Gómez A, Fueyo N, Díez LI. Modelling and simulation of fluid flow and heat transfer in the convective zone of a power-generation boiler[J]. Applied Thermal Engineering, 2008, 28 (5-6): 532-546.
[31] Howell JR. The Monte Carlo Method in Radiative Heat Transfer[J]. Journal of Heat Transfer, 1998, 120 (3): 547-560.
[32] Marakis JG, Papapavlou C, Kakaras E. A parametric study of radiative heat transfer in pulverised coal furnaces[J]. International Journal of Heat and Mass Transfer, 2000, 43 (16): 2961-2971.
[33] 陈梅倩, 曾帅, 刘翔, 等. 层燃炉中生物质燃烧辐射传热特性的研究[J]. 工程热物理学报, 2012, (12): 2151-2154.
[34] 赵伶玲, 周强泰. 大容量超临界和超超临界压力锅炉炉膛传热公式[J]. 热能动力工程, 2009, (03): 355-361+411.
[35] 董芃, 洪梅, 秦裕琨, 等. 煤粉锅炉炉膛燃烧、传热一维数学模型的研究[J]. 热能动力工程, 1999, (06): 12-15+81.
[36] 严响林, 徐党旗, 聂剑平. 液态排渣炉下炉膛一维热流密度分布特性计算[J]. 热力发电, 2010, (09): 27-29+34.
[37] 蔡晖, 余刚. 余热锅炉辐射受热面辐射系数的影响因素[J]. 锅炉制造, 2000, (03): 26-29.
[38] 陈乐. 高温烟气在炉内辐射传热与流动特性研究[D]: 浙江大学, 2013.
[39] 崔敏. 炼钢转炉汽化冷却烟道热力性能模拟与计算[D]: 浙江大学, 2012.
[40] 谈和平, 夏新林, 刘林华, 等. 红外辐射特性与传输的数值计算——计算热辐射学[M]. 哈尔滨: 哈尔滨工业大学出版社, 2006.

[41] 王晓瑜，袁艳平，张冬洁，等．顶吹熔炼炉余热锅炉数值模拟[J]．中国有色冶金，2013，(03)：50-53+63.

[42] 魏小林，徐通模，惠世恩．用改进的离散坐标法计算炉内三维辐射传热[J]．燃烧科学与技术，2000，(02)：140-145.

[43] 邢华伟，阮剑，柳朝辉，等．炉内实际气体辐射传热的计算方法[J]．华中理工大学学报，1998，(10)：82-83+86.

[44] 杨卫宏，蒋绍坚，萧泽强．余热锅炉辐射冷却室三维数值模拟[J]．锅炉技术，1999，(11)：8-12.

[45] 陶文铨．数值传热学[M]．西安：西安交通大学出版社，2001.

[46] 魏淑贤，沈跃，黄延军．计算流体力学的发展及应用[J]．河北理工学院学报，2005，(02)：115-117+122.

[47] 余金伟，冯晓锋．计算流体力学发展综述[J]．现代制造技术与装备，2013，(06)：25-26+28.

[48] Karagoz I, Kaya F. CFD investigation of the flow and heat transfer characteristics in a tangential inlet cyclone[J]. International Communications in Heat and Mass Transfer, 2007, 34 (9-10): 1119-1126.

[49] Zhou H-C, Lou C, Cheng Q, et al. Experimental investigations on visualization of three-dimensional temperature distributions in a large-scale pulverized-coal-fired boiler furnace[J]. Proceedings of the Combustion Institute, 2005, 30 (1): 1699-1706.

[50] Konishi T, Akagi S, Kikugawa H. Flow Visualization of Waste-Heat Boiler Using 1/20 Scale Model and Numerical Simulation[J]. Progress in Scale Modeling, 2008: 343-355.

[51] Qiong liang Z Debo L, Chang'an W, et al. Numerical evaluation of heat transfer and NO_x emissions under deep-air-staging conditions within a 600 MWe tangentially fired pulverized-coal boiler[J]. Applied Thermal Engineering, 2017, 116 (Complete): 170-181.

[52] Choi CR, Kim CN. Numerical investigation on the flow, combustion and NO_x emission characteristics in a 500 MWe tangentially fired pulverized-coal boiler[J]. Fuel, 2009, 88 (9): 1720-1731.

[53] 王晓瑜．余热锅炉流动与传热数值模拟及仿真平台开发[D]，西南交通大学，2013.

[54] 王猛．转炉烟道式余热锅炉热力计算及数值模拟[D]，大连理工大学，2012.

[55] ВТИ, ЦКТИ. Thermal Calculation of Boiler Units - Standard Method. Energiya Press: Moscow, 1973.

[56] 杨世铭，陶文铨．传热学[M]．北京：高等教育出版社，2006.

[57] 张华，林江．大容量锅炉热力计算程序开发和应用[J]．热能动力工程，2005，(03)：310-313+335.

[58] 梁尔凯．电站锅炉的热力计算及火用分析应用程序[J]．科技创新与应用，2014，(04)：91-92.

[59] 施永红，云峰．电站燃煤锅炉通用热力计算程序的编制[J]．电站系统工程，2007，(06)：

65-66.
[60] 邹善义 . 基于热力计算方法的电站煤粉锅炉运行优化[D]，中国石油大学，2010.
[61] 张冬洁，徐建炎 . 余热锅炉可视化热力计算程序的开发[J]. 节能，2010，29（09）：21-23+22.
[62] 赵超，张忠孝，周托，等 . 大容量塔式锅炉热力计算程序的开发与应用[J]. 锅炉技术，2012，43（02）：7-11.
[63] 郭森 . 基于 VB 的常规超临界 Π 型锅炉热力计算程序的研究[J]. 锅炉制造，2020，(02)：19-21.
[64] 张生文，亢艳滨 . 基于 Visual C++的锅炉通用热力计算程序的开发[J]. 工业锅炉，2005，(05)：14-16.
[65] 陈冬林，刘志刚，刘亮 . 基于 VB 的电站燃煤锅炉热力计算通用程序设计[J]. 锅炉技术，2002，(02)：23-27.
[66] 丛境深，熊扬恒 . 通用型电站燃煤锅炉热力计算程序的实现[J]. 电站系统工程，2005，(01)：44-45+48.
[67] 王振阳 . 海砂矿钛铁资源分级利用研究[D]，北京科技大学，2018.
[68] 张金鹏，万荣胜，朱本铎 . 中国近海砂矿资源开发与利用及相关战略建议[J]. 矿床地质，2014，33（S1）：879-880.
[69] 胡兵，谢志诚，黄柱成，等 . 钒钛磁铁海砂矿低温快速直接还原新工艺[J]. 烧结球团，2020，45（06）：16-22.
[70] 郭新颖，季爱兵，田新琰 . 钒钛海砂矿处理新工艺[J]. 现代冶金，2015，43（01）：32-34.
[71] 刘长正，曹志成，彭程，等 . 钒钛海砂矿转底炉直接还原研究[J]. 矿产保护与利用，2020，40（04）：52-57.
[72] 刘依然，张建良，王振阳，等 . 海砂矿的深度还原研究[J]. 金属矿山，2015，(05)：72-76.
[73] 廖雪峰 . 海砂矿碳热还原及强化研究[D]，昆明理工大学，2017.
[74] 李志强，张洋 . 新西兰钒钛海砂磁铁矿冶炼工艺分析[J]. 现代冶金，2017，45（04）：31-33.
[75] Ito T，Sakata K. 219 Demonstration Study on Gasification and Melting System for Waste Plastics [C]，2005.
[76] Gao L，Wu S，Zhang X，et al. Design and analysis of hybrid domestic gas supply system with biomass energy and hydrocarbons[J]. IOP Conference Series：Earth and Environ mental Science，2020，585：012006.
[77] Cheng HF，Hu YN. Municipal solid waste（MSW）as a renewable source of energy：Current and future practices in China[J]. Bioresource Technology，2010，101（11）：3816-3824.
[78] Karak T，Bhagat RM，Bhattacharyya P. Municipal Solid Waste Generation，Composition，and Management：The World Scenario[J]. Critical Reviews in Environmental Science and Technolo-

gy, 2012, 42 (15): 1509-1630.

[79] Fan WD, Li YY, Lin ZC, et al. PDA research on a novel pulverized coal combustion technology for a large utility boiler[J]. Energy, 2010, 35 (5): 2141-2148.

[80] Voshell S, Makela M, Dahl O. A review of biomass ash properties towards treatment and recycling[J]. Renewable & Sustainable Energy Reviews, 2018, 96: 479-486.

[81] Shulga RN, Putilova IV, Smirnova TS, et al. Safe and waste-free technologies using hydrogen electric power generation[J]. 2020, 45 (58): 34037-34047.

[82] Brunner PH, Rechberger H. Waste to energy-key element for sustainable waste management[J]. Waste Management, 2015, 37: 3-12.

[83] 宋志伟，吕一波，梁洋，等．国内外城市生活垃圾焚烧技术的发展现状[J]．环境卫生工程，2007，(01)：21-24.

[84] 别如山，宋兴飞，纪晓瑜，等．国内外生活垃圾处理现状及政策[J]．中国资源综合利用，2013，31 (09)：31-35.

[85] 陈海松，叶岚，杜扬沁．生活垃圾长效治理的日本经验及对上海的启示[J]．上海城市管理，2021，30 (01)：59-62.

[86] 杨小妮，张凯轩，杨宏刚，等．西安市城市生活垃圾产生量的多元回归及 ARIMA 模型预测[J]．环境卫生工程，2020，28 (02)：37-41.

[87] 马瑞．西安市生活垃圾治理研究——基于利益相关者理论的分析[J]．陕西行政学院学报，2020，34 (04)：120-126.

[88] 靳晨曦，孙士强，盛维杰，等．中国厨余垃圾处理技术及资源化方案选择[J]．中国环境科学，1-14.

[89] 毛永宁，汪小憨，赵黛青，等．不同城市生活垃圾焚烧技术的综合评价[J]．环境污染与防治，2015，37 (02)：32-37+41.

[90] 张英民，尚晓博，李开明，等．城市生活垃圾处理技术现状与管理对策[J]．生态环境学报，2011，20 (02)：389-396.

[91] 李永生．城市生活垃圾焚烧发电技术探究[J]．山东工业技术，2019，(20)：59.

[92] 单福朋，张政，郭孝武．富氧燃烧技术在垃圾焚烧炉中应用的可行性分析[J]．四川环境，2019，38 (05)：133-137.

[93] 池涌，郑皎，金余其，等．模拟垃圾流化床气化特性的实验研究[J]．中国电机工程学报，2008，(29)：59-63.

[94] 陈兆蕙，邓胜忠，王言，等．收费制度下的生活垃圾处理研究综述[J]．东莞理工学院学报，2019，26 (03)：58-64.

[95] Hasselriis F, Licata A. Analysis of heavy metal emission data from municipal waste combustion [J]. Journal of Hazardous Materials, 1996, 47 (1-3): 77-102.

[96] Miyagoshi Y, Takefuku T, Nishino M, et al. Efficient Vitrification Process for Stoker-type MSW Incinerator (Integrated Ash-melting with Stoker-type Incinerator) [J]. 2006, 72 (722): 2359-2366.

[97] Oischinger J, Meiller M, Daschner R, et al. Fate of nano titanium dioxide during combustion of engineered nanomaterial-containing waste in a municipal solid waste incineration plant[J]. Waste Management & Research, 2019, 37 (10): 1033-1042.

[98] Luan J, Chai M, Liu Y, et al. Heavy-metal speciation redistribution in solid phase and potential environmental risk assessment during the conversion of MSW incineration fly ash into molten slag [J]. Environmental Science and Pollution Research, 2018, 25 (4): 3793-3801.

[99] Saito C, Okada H, Titus MJ, et al. Leaching of Heavy Metals from Fly Ash Generated from Gasification and Melting Furnace for Municipal Solid Wastes by Organic Acids[J]. 2007, 18 (3): 157-166.

[100] Wang X, Jin B, Xu B, et al. Melting characteristics during the vitrification of MSW incinerator fly ash by swirling melting treatment[J]. Material Cycles and Waste Management, 2015, 19 (1): 1-13.

[101] A new gasification and melting incineration process of MSW with co-current shaft furnace[J]. Environmental Sciences, 2009, 21 (supp-S1): S108-S111.

[102] Folkedahl B, Frandsen FJ, Hurley JJF. Studying the melting behaviour of fly ash from the incineration of MSW using viscosity and heated stage XRD data[J]. Fuel, 2008.

[103] Zhang Q, Wu Y, Dor L, et al. A thermodynamic analysis of solid waste gasification in the Plasma Gasification Melting process[J]. Applied Enerqy, 2013, 112 (dec.): 405-413.

[104] Hosho F, Tsuji E, Yoshioka Y, et al. Verification of the fuel reduction effect of MSW incineration ash melting furnace by using waste plastic fuel[C], 2018.

[105] 张楚．城市垃圾焚烧飞灰处理方法及探讨[J]．环境与发展，2017，29（03）：158+160.

[106] 张楚，王爽．城市垃圾焚烧飞灰高温熔融处理实验研究[J]．辽宁石油化工大学学报，2019，39（06）：31-35.

[107] 李润东．城市垃圾焚烧飞灰熔融过程的机理研究[D]，浙江大学，2002.

[108] 余召辉．基于 XRF 检测的飞灰重金属元素数据库构建和分析[J]．环境卫生工程，2020，28（04）：57-60.

[109] 成鸿博．浅谈生活垃圾焚烧发电飞灰及渣熔融技术应用[J]．山东工业技术，2019，（19）：32.

[110] 王学涛，曾宪阳，金保升，等．燃煤气化-旋风熔融集成处理焚烧飞灰的试验研究[J]．动力工程，2009，29（08）：777-782.

[111] 王建伟，朱杰，朱雁鸣，等．熔融法处理垃圾焚烧飞灰过程中重金属回收效果评估[J]．四川环境，2018，37（04）：15-19.

[112] 何品晶，章骅，王正达，等．生活垃圾焚烧飞灰的污染特性[J]．同济大学学报：自然科学版，2003，（08）：972-976.

[113] 张明远，万新．冶金高炉高温熔融处理垃圾飞灰[J]．环境工程学报，2012，6（08）：2859-2864.

[114] Jung CH, Matsuto T, Tanaka N. Behavior of metals in ash melting andgasification-melting of

municipal solid waste (MSW)[J]. Waste Management, 2005, 25 (3): 301-310.

[115] A KS, A YT, B MTA, et al. Emission of particulate matter from gasification and melting furnace for municipal solid waste in Japan[J]. 2017, 5 (2): 1703-1710.

[116] Zhang QL, Dor L, Fenigshtein D, et al. Gasification of municipal solid waste in the Plasma Gasification Melting process[J]. Applied Energy, 2012, 90 (1): 106-112.

[117] Xiao G, Mingjiang NI, Chi Y, et al. Research on low emission MSW gasification and melting system[J]. Frontiers of Environmental Science & Engineering, 2007, 1 (004): 498-503.

[118] Duan CJ, Zeng JJ, Chen GYJIF. Research Progress of Disposing of Municipal Solid Waste Using Gasification and Melting Technology[J]. 2013.

[119] Kawaguchi K, Miyakoshi K, Momonoi KJJoMC, et al. Studies on the pyrolysis behavior of gasification and melting systems for municipal solid waste[J]. Material Cycles and Waste Management, 2002, 4 (2): 102-110.

[120] Agawa R, Ehara N, Satou H, et al. Study on Gasification and Melting System for MSW[J]. 2001, 2001. 11: 257-260.

[121] Zhao J, Wang SZ, Wu ZQ, et al. Theoretical Calculation and Analysis on the Gasification and Melting Process of MSW with Oxygen-Enriched Air[J]. Adwanced Materials Research, 2012, 610-613: 2179-2182.

[122] Kitatsuji M, Tanaka R, Endo T, et al. Utilization of the Gasification-Melting Slag from Municipal Solid Waste as Fine Aggregate for Concrete[J]. 2002, 13 (2): 89-98.

[123] 明石，哲夫，多田，等 . Vitrification of asbestos wastes by JFE High-Temperature Gasifying and Direct Melting plant[J]. 2010.

[124] 肖刚 . 城市垃圾流化床气化与旋风燃烧熔融特性研究[D]，浙江大学，2006.

[125] 王长生 . 气化熔融工艺——日本川崎制铁所有效处理固体废物[J]. 中国资源综合利用，2004，(02)：9-10.

[126] 金保升，朱颖，王小芳 . 用吉布斯自由能最小化方法模拟垃圾气化熔融工艺[J]. 中国电机工程学报，2007，(26)：46-51.

[127] Uchiyama T, Okuyama K, Nakayama T, et al. Decrease in CO_2 Emission by Using Bio-Coke at High-Temperature Gasifying and Direct Melting Furnace[J]. 2012, 78 (789): 1008-1011.

[128] Alhadj-Mallah MM, Huang Q, Cai X, et al. Vitrification of municipal solid waste incineration fly ash using biomass ash as additives[J]. 2015, 36 (5-8): 654-660.

[129] 于书尧，杜兵，阿曼角 · 巴黑多拉，等 . *n*-Al/CaO 分散混合体应用于生活垃圾焚烧飞灰的重金属固定与六氯苯脱氯效果研究[J]. 环境卫生工程，2020，28 (06)：96.

[130] 陈怀俊，牛芳，王乃继 . 垃圾焚烧处置中二噁英和重金属污染的控制技术[J]. 洁净煤技术，1-34.

[131] 陈祎，陆杰，李建宇 . 气化气燃烧过程中二噁英和 NO_x 的协同控制[J]. 环境污染与防治，2020，42 (10)：1243-1246.

[132] McKay G. Dioxin characterisation, formation and minimisation during municipal solid waste

(MSW) incineration: review[J]. Chemical Engineering Journal, 2002, 86 (3): 343-368.
[133] Malkow T. Novel and innovative pyrolysis and gasification technologies for energy efficient and environmentally sound MSW disposal[J]. Waste Management, 2004, 24 (1): 53-79.
[134] Yang JC, Sun R, Sun SZ, et al. Experimental study on NO_x reduction from staging combustion of high volatile pulverized coals. Part 1. Air staging[J]. Fuel Processing Technology, 2014, 126: 266-275.
[135] Fujiyoshi HJMC, Research WM. Trends of MSW-Ash Melting Technology in Japan[J]. Waste Management Research, 2005, 16 (2): 98-110.
[136] Themelis NJ. Developments in Thermal Treatment Technologies[D]. 2008.
[137] 李水清，姚强，李润东，等．城市垃圾气化熔融工艺的理论计算和技术分析[J]. 动力工程，2004，(01)：125-131.
[138] 朱文俐，池涌，肖刚，等．灰渣熔融处理技术及在城市生活垃圾气化熔融系统中的应用[J]. 科技通报，2007，(02)：282-288.
[139] 董志华，李东海，梁小平，等．垃圾气化熔融处理过程炉温的计算分析[J]. 三峡环境与生态，2009，2 (01)：39-42.
[140] 张立静，余渡江，黄群星，等．我国城市固体废弃物气化熔融的特性[J]. 燃烧科学与技术，2013，19 (05)：418-424.
[141] 王雷，池涌，李润东，等．垃圾焚烧灰渣熔融处理技术进展[J]. 电站系统工程，2002，(05)：1-4.
[142] 侯祥松，刘青，蒋文斌，等．液态排渣固体废弃物旋转燃烧技术[J]. 热力发电，2007，(11)：42-44.
[143] 吉方，邓贵德，梁海峰，等．V 形导流伞对大型球罐热处理温度场的影响研究[J]. 化工机械，2016，43 (01)：59-62+76.
[144] 吉方．大型球罐内燃法焊后热处理工艺稳态数值模拟研究[D]，太原理工大学，2015.
[145] 董怀胜，魏淳．大型球罐整体热处理[J]. 中小企业管理与科技(下旬刊)，2009，(07)：261-262.
[146] 宋全祝．大型球形封头内燃法热处理的应用[J]. 神华科技，2016，14 (01)：70-73.
[147] 骆振斌，郭超，张朋飞，等．顶人孔式球罐内燃法整体热处理施工技术[J]. 炼油与化工，2019，30 (05)：40-43.
[148] 李建国．聚乙烯反应器内燃法整体热处理施工方法探讨[J]. 石油和化工设备，2016，19 (05)：54-55+63.
[149] 杨春．内燃法整体热处理工艺在大型塔器上的应用[J]. 科技风，2013，(09)：69.
[150] 王剑涛，侯志强．内燃法整体热处理工艺在压力容器上的应用[J]. 中国化工装备，2007，(04)：20-21.
[151] 吉方，刘岑凡，徐永生，等．球罐内燃法焊后热处理热工计算方法改进[J]. 压力容器，2020，37 (05)：37-43.
[152] 黄炽东．球罐内燃法整体热处理工艺的应用[J]. 广东化工，2006，(10)：81-83.

[153] 蒋明亮．球罐热处理工艺的现状与探讨[J]. 天然气与石油，2008, 26 (06)：55-58.
[154] 王志东．脱乙烷汽提塔立式内燃法整体热处理[J]. 化工管理，2020,（12)：34-35.
[155] 马文星，张建晓，胡广歧，等．卧式压力容器现场内燃法整体热处理研究[J]. 中国化工装备，2017，19 (02)：32-36.
[156] 马建雄．新建 400m³ 丁二烯球罐焊后内燃法整体热处理方案探讨[J]. 广东化工，2013，40 (24)：116-117.
[157] 陈晓勇，梁卓，吴海涛．再生器整体热处理施工技术探讨[J]. 石油化工建设，2021，43 (S2)：158-160.
[158] 赵振宁，王晶晶，徐立伟，等．300MW 锅炉再热汽温低的原因分析及改造[J]. 中国电力，2012，45 (12)：21-25.
[159] 强君刚，马凯，李波．300MW 锅炉再热汽温低及卫燃带改造研究[J]. 锅炉制造，2013,（06)：1-4.
[160] 张艳娟．超临界锅炉再热汽温控制系统研究[D]，华北电力大学(河北)，2009.
[161] 王巨川，禹庆明，徐立韡，等．锅炉再热汽温低、屏区过热器超温原因分析及解决方案[J]. 华北电力技术，2011,（06)：51-54.
[162] 王兴，齐保新，马庆中，等．某 2030 t/h 超临界锅炉再热汽温偏低原因分析及改造措施[J]. 电站系统工程，2020，36 (04)：47-49+51.
[163] 赵振宁，程亮，朱宪然．300MW 锅炉再热器汽温不足问题分析及对策[J]. 华北电力技术，2013,（01)：59-62+70.
[164] 李永生，黄宣，孙俊威，等．超超临界二次再热机组再热汽温低的分析与改进[J]. 热能动力工程，2019，34 (06)：184-189.
[165] 杨辉，梁仕铠，杨玉，等．某 2030 t/h W 火焰锅炉低负荷下再热汽温偏低原因分析及对策[J]. 热力发电，2020，49 (09)：114-120.
[166] 徐立韡．300MW 级锅炉再热汽温低及再热器增容改造的研究[D]，华北电力大学，2012.
[167] 胡国梁，谢力群，郑炜．国产 300MW 机组锅炉燃烧器倾角投自动及调节再热汽温的探讨[J]. 中国电力，2003,（04)：72-74.
[168] 王亚军，王宏格．三菱 1205t/h 锅炉低负荷再热汽温偏低原因分析[J]. 山西电力，2005,（01)：11-13.
[169] 翟德双．660MW 超超临界Π型锅炉再热汽温 623℃探索[J]. 中国电力，2013，46 (04)：28-31.
[170] 张海龙，苏林，杨辉，等．“W”火焰锅炉低负荷再热汽温提效研究[J]. 电站系统工程，2021，37 (01)：16-20.
[171] 李汝萍，何曙勇，李志坚．锅炉再热汽温偏低的原因分析及对策研究[J]. 浙江电力，2013，32 (04)：38-41.
[172] 张路．热电厂热动系统节能优化与降耗措施——通过技改提升再热汽温对降低煤耗的影响[J]. 产业科技创新，2019，1 (24)：58-59.
[173] 付喜亮，刘吉，赵志宏，等．提高主再热汽温对 600MW 亚临界空冷机组运行特性的影响

分析[J]. 节能, 2016, 35 (03): 22-26+22.
[174] 张春发, 郭民臣, 张明智. 等效焓降法理论基础的研究[J]. 华北电力学院学报, 1993, (03): 21-28.
[175] 陈媛媛, 周克毅, 李代智, 等. 等效焓降法在大型机组抽汽供热的热经济性分析中的应用[J]. 汽轮机技术, 2009, 51 (06): 410-412+416.
[176] 陈功. 等效热降法在凝汽式机组经济性分析上的应用[J]. 节能, 2006, (09): 30-33+32.
[177] 郭江龙, 张树芳, 陈海平, 等. 基于等效热降的供热机组热经济性分析理论的研究[J]. 中国电力, 2001, (02): 8-10.
[178] 李秀云, 严俊杰, 林万超. 用等效热降法确定排汽压力变化对机组经济性的影响[J]. 热能动力工程, 1999, (05): 353-355+409.
[179] Bai W, Li H, Deng L, et al. Air-staged combustion characteristics of pulverized coal under high temperature and strong reducing atmosphere conditions[J]. Energy and Fuels, 2014, 28: 1820-1828.
[180] Liu H, Liu Y, Yi G, et al. Effects of air staging conditions on the combustion and NO_x emission characteristics in a 600 MW wall fired utility boiler using lean coal[J]. Energy and Fuels, 2013, 27 (10): 5831-5840.
[181] Xu MX, Li SY, Li W, et al. Effects of Gas Staging on the NO Emission during O_2/CO_2 Combustion with High Oxygen Concentration in Circulating Fluidized Bed[J]. Energy & Fuels, 2015, 29 (5): 3302-3311.
[182] Hill SC, Smoot LD. Modeling of nitrogen oxides formation and destruction in combustion systems [J]. Progress in Energy and Combustion Science, 2000, 26 (4-6): 417-458.
[183] Watanabe H, Yamamoto J-i, Okazaki K. NO_x formation and reduction mechanisms in staged O_2/CO_2 combustion[J]. Combustion and Flame, 2011, 158 (7): 1255-1263.
[184] 孙伟, 王岩, 揭其良, 等. 300 MW 机组锅炉燃煤耦合生物质发电的可行性研究[J]. 电站系统工程, 2019, 35 (04): 11-14.
[185] 刘家利, 王志超, 邓凤娇, 等. 大型煤粉电站锅炉直接掺烧生物质研究进展[J]. 洁净煤技术, 2019, 25 (05): 17-23.
[186] 杨晋萍, 史飞, 张雁茹. 电站燃煤锅炉掺烧生物质技术[J]. 电力技术, 2010, 19 (10): 13-17.
[187] 李定凯. 对芬兰和英国生物质-煤混燃发电情况的考察[J]. 电力技术, 2010, 19 (02): 2-8.
[188] 安敬学. 燃煤电厂锅炉混燃生物质的应用研究[D], 华北电力大学(河北), 2010.
[189] 孙向文, 王君峰, 姜孝国. 生物质气化技术与煤粉锅炉耦合利用研究及工程应用[J]. 锅炉制造, 2019, (02): 35-37.
[190] 王爽奇, 田宇, 龚迎莉, 等. 330 MW 煤粉锅炉掺烧生物质气化气对锅炉性能的影响分析[J]. 电力学报, 2021, 36 (05): 397-403.
[191] 蒋国平. 掺烧生物质燃料对燃煤锅炉效率的影响分析[J]. 华中电力, 2010, 23 (03):

39-42+45.

[192] 张小桃，闻猛，丁全斌，等．煤粉和生物质气混燃锅炉燃烧特性数值模拟研究[J]．热能动力工程，2017，32（03）：82-87+136.

[193] 孙俊威，董静兰，裘啸．煤与生物质混烧时 NO_x 排放特性的实验研究[J]．山西能源与节能，2010，(04)：34-37.

[194] 肖志前，宋杰，宋景慧．生物质锅炉混煤掺烧对锅炉经济性及稳定性的影响[J]．广东电力，2015，28（07）：10-16+23.

[195] Yu G, Swanson L, Zhou W, et al. CFD study on vermiculite injection system optimization in a cyclone-fired boiler [C]. Lake Buena Vista, FL, United states: American Society of Mechanical Engineers, 2008: 459-463.

[196] Carson WR, Tillman D. Cofiring coal-water slurry in cyclone boilers: Some combustion issues and considerations[C]. Clearwater, FL, USA: Coal & Slurry Technology Assoc, 1997: 627-638.

[197] Soponronnarit S, Swasdisevi T, Wetchacama S, et al. Cyclonic rice husk furnace and its application on paddy drying[J]. International Energy Journal, 2000, 1 (2): 67-75.

[198] He P-w, Luo S-y, Cheng G, et al. Gasification of biomass char with air-steam in a cyclone furnace[J]. Renewable Energy, 2012, 37 (1): 398-402.

[199] 水利电力部热工研究所，东北电业管理局技术改进局，武昌发电厂，等．旋风炉及其灰渣综合利用[M]．北京：水利电力出版社，1979.

[200] 王茂刚．旋风炉设计与运行[M]．北京：机械工业出版社，1980.

[201] Bai W, Li H, Deng L, et al. Air-staged combustion characteristics of pulverized coal under high temperature and strong reducing atmosphere conditions[J]. Energy & Fuels, 2014, 28 (3): 1820-1828.

[202] Farzan H, Newell RJ, Maringo GJ, et al. Evaluation of reburning NO_x control and coal switching in a cyclone boiler[C]. Snowbird, UT, USA: Publ by ASME, 1994: 323.

[203] Farzan H, Maringo GJ, Beard CT, et al. NO_x control using natural gas reburn on an industrial cyclone boiler[C]. Clearwater, FL, USA: Coal & Slurry Technology Assoc, 1997: 801-814.

[204] Smith B, Voss S, Titus T. Overfire air blows away cyclone NO_x[J]. Power Engineering (Barrington, Illinois), 1999, 103 (1).

[205] Kokkinos A. Reburning for cyclone boiler NO_x control[J]. Journal of the Air and Waste Management Association, 1989, 39 (1): 107-108.

[206] Farzan H, Wessel RA, Sarv H, et al. Reburning scale-up methodology for NO_x control from cyclone boilers[C]. San Diego, CA, USA: Publ by ASME, 1991: 1-12.

[207] Fan WD, Lin ZC, Li YY, et al. Effect of Air-Staging on Anthracite Combustion and NO_x Formation[J]. Energy & Fuels, 2009, 23 (1): 111-120.

[208] Song MH, Zeng LY, Li XG, et al. Effect of Stoichiometric Ratio of Fuel-Rich Flow on Combustion Characteristics in a Down-Fired Boiler[J]. Journal of Energy Engineering, 2017, 143

(3).

[209] Fan WD, Lin ZC, Li YY, et al. Effect of Temperature on NO Release during the Combustion of Coals with Different Ranks[J]. Energy & Fuels, 2010, 24: 1573-1583.

[210] Liu H, Tang C, Zhang L, et al. Effect of two-level over-fire air on the combustion and NOinfx/inf emission characteristics in a 600 MW wall-fired boiler[J]. Numerical Heat Transfer; Part A: Applications, 2015, 68 (9): 993-1009.

[211] Zhang XH, Sun SZ, Sun RI, et al. Effects of bias combustion on volatile nitrogen transformation [J]. Asia-Pacific Journal of Chemical Engineering, 2010, 5 (3): 473-478.

[212] Costa M, Azevedo JLT. Experimental characterization of an industrial pulverized coal-fired furnace under deep staging conditions[J]. Combustion Science and Technology, 2007, 179 (9): 1923-1935.

[213] Dagaut P, Lecomte F. Experiments and kinetic modeling study of NO-reburning by gases from biomass pyrolysis in a JSR[J]. Energy and Fuels, 2003, 17 (3): 608-613.

[214] Adouane B, de Jong W, van Buijtenen JP, et al. Fuel-NO_x emissions reduction during the combustion of LCV gas in an air staged Winnox - TUD combustor [J]. Applied Thermal Engineering, 2010, 30 (8-9): 1034-1038.

[215] Kang M, Park ED, Kim JM, et al. Manganese oxide catalysts for NO_x reduction with NH3 at low temperatures[J]. Applied Catalysis a-General, 2007, 327 (2): 261-269.

[216] Wu S, Che DF, Wang ZG, et al. NO_x Emissions and Nitrogen Fate at High Temperatures in Staged Combustion[J]. Energies, 2020, 13 (14): 17.

[217] Okazaki K, Ando T. NO_x reduction mechanism in coal combustion with recycled CO_2[J]. Energy, 1997, 22 (2-3): 207-215.

[218] Diez LI, Cortes C, Pallares J. Numerical investigation of NO_x emissions from a tangentially-fired utility boiler under conventional and overfire air operation[J]. Fuel, 2008, 87 (7): 1259-1269.

[219] Choi CR, Kim CN. Numerical investigation on the flow, combustion and NO_x emission characteristics in a 500 MWe tangentially fired pulverized-coal boiler[J]. Fuel, 2009, 88 (9): 1720-1731.

[220] Pisupati SV, Bhalla S. Numerical modeling of NO_x reduction using pyrolysis products from biomass-based materials[J]. Biomass and Bioenergy, 2008, 32 (2): 146-154.

[221] Molina A, Murphy JJ, Winter F, et al. Pathways for conversion of char nitrogen to nitric oxide during pulverized coal combustion[J]. Combustion and Flame, 2009, 156 (3): 574-587.

[222] Taniguchi M, Kamikawa Y, Okazaki T, et al. A role of hydrocarbon reaction for NO_x formation and reduction in fuel-rich pulverized coal combustion[J]. Combustion and Flame, 2010, 157 (8): 1456-1466.

[223] Taniguchi M, Kamikawa Y, Tatsumi T, et al. Staged combustion properties for pulverized coals at high temperature[J]. Combustion and Flame, 2011, 158 (11): 2261-2271.

[224] 钟北京，徐旭常．燃烧过程中 NO_x 形成的数学模拟[J]．燃烧科学与技术，1995，(02)：120-128.

[225] 范志林，张军，林晓芬，等．生物质气再燃还原 NO_x 的数值模拟[J]．能源研究与利用，2007，(01)：7-10.

[226] Zhou Z, Bo Y, Zhang Y, et al. Interactions of high-chromia refractory materials with infiltrating coal slag in the oxidizing atmosphere of a cyclone furnace[J]. Ceramics International, 2014, 40 (3): 3829-3839.

[227] Yuan H, Qu H, Ren H, et al. An experimental study of slag deposit in the entrained-flow gasifier[J]. Journal of East China University of Science and Technology, 2005, 31 (3): 393-397.

[228] Cheng X, Hou G, Liang Q, et al. Experimental study of slag flow on membrane wall in entrained-flow gasifier[J]. CHEMICAL ENGINEERING (CHINA), 2012, 40 (3): 58-62.

[229] Li X, Li G, Cao Z, et al. Research on flow characteristics of slag film in a slag tapping gasifier [J]. Energy & Fuels, 2010, 24 (9): 5109-5115.

[230] 阎常峰，林伯川，陈恩鉴．液排渣燃烧器液态渣膜厚度求解模型及传热分析[J]．锅炉技术，2001，(07)：7-9.

[231] Ryzhakov AV. Role of slag coating in the dynamics of transient processes of a lined furnace chamber[J]. Teploenergetika, 1973, (3): 50-53.

[232] Ye I, Ryu C. Numerical modeling of slag flow and heat transfer on the wall of an entrained coal gasifier[J]. Fuel, 2015, 150: 64-74.

[233] Ye I, Ryu C, Koo JH. Influence of critical viscosity and its temperature on the slag behavior on the wall of an entrained coal gasifier[J]. Applied Thermal Engineering, 2015, 87: 175-184.

[234] Seggiani M. Modelling and simulation of time varying slag flow in a Prenflo entrained-flow gasifier[J]. Fuel, 1998, 77 (14): 1611-1621.

[235] 张守玉，陈川，施大钟，等．高钠煤燃烧利用现状[J]．中国电机工程学报，2013，(05)：1-12+17.

[236] 聂立，白文刚，冉燊铭，等．新疆高钠煤积灰特性试验研究[J]．动力工程学报，2015，(02)：108-112.

[237] 于强，张健强．燃用高钠煤对锅炉受热面的影响[J]．锅炉制造，2012，(04)：4-6.

[238] 郭涛，惠艳，曹林涛，等．降低高钠煤结渣特性综合研究[J]．应用能源技术，2014，(07)：40-42.

[239] 董明钢．高钠煤对锅炉受热面结渣、沾污和腐蚀的影响及预防措施[J]．热力发电，2008，(09)：35-39.

[240] 周永刚，范建勇，李培，等．高碱金属准东煤结渣特性试验[J]．浙江大学学报：工学版，2014，(11)：2061-2065+2093.

[241] 王少波．电站锅炉积灰结渣监测与吹灰优化分析[J]．科技创新与应用，2012，(10)：61.

[242] Lawrence A, Kumar R, Nandakumar K, et al. A Novel tool for assessing slagging propensity of coals in PF boilers[J]. Fuel, 2008, 87 (6): 946-950.

[243] Pipatmanomai S, Fungtammasan B, Bhattacharya S. Characteristics and composition of lignites and boiler ashes and their relation to slagging: The case of Mae Moh PCC boilers[J]. Fuel, 2009, 88 (1): 116-123.

[244] Zhang J, Han C-L, Yan Z, et al. The Varying Characterization of Alkali Metals (Na, K) from Coal during the Initial Stage of Coal Combustion[J]. Energy & Fuels, 2001, 15 (4): 786-793.

[245] Couch G. Understanding slagging and fouling in pf combustion [M]: IEA Coal Research London, 1994.

[246] Kosminski A, Ross DP, Agnew JB. Transformations of sodium during gasification of low-rank coal[J]. Fuel Processing Technology, 2006, 87 (11): 943-952.

[247] Matsuoka K, Yamashita T, Kuramoto K, et al. Transformation of alkali and alkaline earth metals in low rank coal during gasification[J]. Fuel, 2008, 87 (6): 885-893.

[248] Wellinger M, Biollaz S, Wochele Jr, et al. Sampling and Online Analysis of Alkalis in Thermal Process Gases with a Novel Surface Ionization Detector[J]. Energy & Fuels, 2011, 25 (9): 4163-4171.

[249] Bläsing M, Müller M. Release of alkali metal, sulphur, and chlorine species from high temperature gasification of high- and low-rank coals[J]. Fuel Processing Technology, 2013, 106 (0): 289-294.

[250] Chen A, Yang X, Lin W. Release characteristics of chlorine and alkali metals during pyrolysis and gasification of biomass by thermodynamical equilibrium analysis[J]. Journal of Fuel Chemistry and Technology, 2007, 35 (5): 539-547.

[251] Han C, Zhang J, Liu K, et al. Modes of occurrence of sodium in coals[J]. Journal of Fuel Chemistry and Technology, 1999, 27 (6): 95-98.

[252] Tomeczek J, Palugniok H, Ochman J. Modelling of deposits formation on heating tubes in pulverized coal boilers[J]. Fuel, 2004, 83 (2): 213-221.

[253] Raask E. Mineral impurities in coal combustion: behavior, problems, and remedial measures [M]: Taylor & Francis, 1985.

[254] Dong M. Influence of high-sodium upon slagging, contamination and corrosion on the heating surface of boilers[J]. Thermal Power Generation, 2008, 37 (9): 35-39.

[255] Naruse I, Kamihashira D, Khairil, et al. Fundamental ash deposition characteristics in pulverized coal reaction under high temperature conditions[J]. Fuel, 2005, 84 (4): 405-410.

[256] Li CZ, Sathe C, Kershaw JR, et al. Fates and roles of alkali and alkaline earth metals during the pyrolysis of a Victorian brown coal[J]. Fuel, 2000, 79 (3-4): 427-438.

[257] Zhang L, Ito M, Sato A, et al. Fate of Alkali Elements during Pyrolysis and Combustion of Chinese Coals[J]. JOURNAL OF CHEMICAL ENGINEERING OF JAPAN, 2003, 36 (7): 759-

768.

[258] Shimogori M, Mine T, Ohyatsu N, et al. Effects of fine ash particles and alkali metals on ash deposition characteristics at the initial stage of ash deposition determined in 1.5 MWth pilot plant tests[J]. Fuel, 2012, 97 (0): 233-240.

[259] Lin CL, Wey MY. The effect of mineral compositions of waste and operating conditions on particle agglomeration/defluidization during incineration[J]. Fuel, 2004, 83 (17-18): 2335-2343.

[260] Steinberg M, Schofield K. The controlling chemistry of surface deposition from sodium and potassium seeded flames free of sulfur or chlorine impurities[J]. Combustion and Flame, 2002, 129 (4): 453-470.

[261] Naganuma H, Ikeda N, Kawai T, et al. Control of ash deposition in pulverized coal fired boiler [J]. Proceedings of the Combustion Institute, 2009, 32 (2): 2709-2716.

[262] Benson S, Sondreal E. Ash-Related Issues During Combustion and Gasification. [J]. Impact of Mineral Impurities in Solid Fuel Combustion, 1999: 1-21.

[263] Punjak WA, Shadman F. Aluminosilicate sorbents for control of alkali vapors during coal combustion and gasification[J]. Energy & Fuels, 1988, 2 (5): 702-708.

[264] Weng Q, Wang Ca, Che D, et al. Alkali metal occurrence mode and its influence on combustion characteristics in Zhundong coals[J]. Journal of Combustion Science and Technology, 2014, 20 (3): 216-221.